大气激光通信系统光束多维度优化技术

赵义武 倪小龙 娄 岩 刘 智等 著

科学出版社
北京

内 容 简 介

本书全面阐述了对大气激光通信系统光束进行多维度优化的方法,主要包括激光在大气中传输的特性、大气对激光通信系统性能的影响、激光光束多维度特性调控、大气湍流模拟装置性能分析、不同初始特性激光光束受大气湍流影响的研究以及光束优化的激光通信系统大气信道性能实验研究。本书为大气激光通信系统性能优化以及激光大气传输、大气辐射、天文观测、光学遥感、环境观测、自适应光学等基础研究及先进光电工程应用提供基础数据、应用模式和基本工具。本书反映了大气激光通信系统性能优化研究的重要进展,对大气激光通信系统性能优化及相关研究有一定的参考价值。

本书可供物理、光学类的研究生,高年级本科生和高等院校教师作为教材使用,也可供无线光通信、光学工程、大气物理、遥感以及天文等相关领域科研人员参考使用。

图书在版编目(CIP)数据

大气激光通信系统光束多维度优化技术/赵义武等著. —北京:科学出版社,2018.9
ISBN 978-7-03-058365-9

Ⅰ. ①大… Ⅱ. ①赵… Ⅲ. ①激光通信系统-系统优化 Ⅳ. ①TN929.1

中国版本图书馆 CIP 数据核字 (2018) 第 168332 号

责任编辑:刘凤娟 / 责任校对:彭珍珍
责任印制:吴兆东 / 封面设计:无极书装

科学出版社 出版
北京东黄城根北街 16 号
邮政编码:100717
http://www.sciencep.com

北京中石油彩色印刷有限责任公司 印刷
科学出版社发行 各地新华书店经销
*

2018 年 9 月第 一 版 开本:720×1000 1/16
2018 年 9 月第一次印刷 印张:9 1/2 插页:2
字数:186 000
定价:79.00 元
(如有印装质量问题,我社负责调换)

前　　言

　　自由空间光通信是近年来新兴的一种通信技术，它结合了光纤通信与微波通信的双重优点，既满足通信容量大、速率高的要求，又免去铺设光纤的复杂过程，被广泛应用于各个研究领域。作为信息载体的激光光束在大气中传输时，大气湍流所引起的折射率随机起伏严重地影响了光束的传输质量，破坏了光场的相干性，从而产生光强闪烁、到达角起伏、光斑漂移以及光束扩展等一些湍流效应，严重影响了通信系统性能。因此，降低激光信号受大气信道影响的有效方法成为近年来的研究热点。不同相干特性、偏振态以及螺旋相位特性激光光束受大气湍流影响的情况不同。针对这种情况，本书提出了一种通过对激光通信系统光束的初始相干长度、偏振态以及螺旋相位特性进行优化来提高大气信道光通信系统性能的方法。

　　本书在国内外研究的基础上，对高斯光束在大气湍流中传输时受湍流影响的情况进行了研究。在理论研究的基础上进行了距离为 1km 和 6.2km 的城市链路大气传输特性实验，针对高斯光束在大气湍流介质中传播时的光强闪烁、到达角起伏以及光斑漂移效应进行了长期的实验观测与分析研究。通过实验，给出了光强闪烁、到达角起伏以及光斑漂移效应的日变化规律、季节变化规律、不同光束波长条件下的变化规律，以及光强闪烁、到达角起伏、光斑漂移效应的频谱变化规律及概率密度变化规律。

　　本书对常见的开关键控 (on-off keying，OOK) 调制激光通信系统性能受大气湍流影响机理进行了研究。在相距为 1km 和 6.2km 的两通信链路上，进行了为期 3 个月的大气激光通信实验。实验结果表明：误码率的变化与闪烁因子的变化关联度很高，误码率随着闪烁因子的升高而增加。越高的传输速率对大气环境的要求也越高。

　　本书对采用液晶进行相位调控的原理进行了研究。对光波的偏振态及采用液晶进行光束偏振态调控的基本原理进行了研究，并进行了实验验证。实验结果表明：对于线偏振光来说，其偏振参数波动情况为：方位角 2.131%，椭圆率 1.823%，偏振度 0.625%；对于圆偏振光，偏振参数波动情况为：方位角 1.475%，椭圆率 1.268%，偏振度 0.455%。对光波的相干特性及采用液晶对光束相干长度进行控制的基本原理进行了研究，并进行了实验验证。实验结果表明：生成相干长度为 0.15mm 和 1.5mm 部分相干光束，光束相干度均方根误差分别为 0.022011 和 0.020883，峰谷值分别为 0.074325 和 0.072998。对具有螺旋相位结构的涡旋光束及采用液晶生成具有螺旋相位结构的涡旋光束的基本原理进行了研究，并设计了相关实验，验证了生成涡旋光束的正确性。

提出了一种基于液晶空间光调制器的激光相干度及束散角复合控制方法，并对本方法所调制激光光束的相干度和束散角精度进行了实验检测。采用液晶空间光调制器生成相干长度为 0.9mm、束散角为 7.5mrad，相干长度为 1.5mm、束散角为 3.8mrad 的部分相干光束，其相干度误差在 5% 以内，均方根误差分别为 0.027386 和 0.031314，峰谷值分别为 0.084658 和 0.089103；其束散角误差在 15% 以内，均方根误差分别为 0.032478 和 0.043186，峰谷值分别为 0.091201 和 0.102130。

优化设计了大气湍流模拟装置，给出了其所模拟大气湍流的大气相干长度、大气折射率结构常数等参数的计算公式。采用 532nm、808nm、1064nm 以及 1550nm 四种波长激光器与检测装置分别从大气湍流模拟装置模拟大气湍流的信道参数，大气湍流的稳定性以及所模拟湍流与真实的大气湍流相比的等效性等方面对大气湍流模拟装置性能进行了标定。实验结果表明：① 大气模拟装置所模拟大气湍流的相干长度稳定范围为 5~20cm，等效湍流链路长度为 1km 时大气湍流模拟装置所能模拟的 C_n^2 最大值为 1.81×10^{-16}；若模拟链路距离为 10km，大气湍流模拟装置所能模拟的 C_n^2 最大值为 1.81×10^{-15}，光强闪烁等效距离为 661.2m。② 对流式湍流模拟装置在 16cm×16cm 区域内的波动量小于 15%，不同波长条件下相干长度满足 Kolmogorov 理论，频谱波动量小于 20%。③ 对流式大气湍流模拟装置所模拟大气对于光强闪烁效应的模拟在频谱特性和概率密度分布特性上均与真实的大气相符。对于到达角起伏效应的模拟，在 y 轴方向上，频谱特性与概率密度特性均与真实大气相符；但在 x 轴方向上，由于模拟装置缺少横向侧风产生装置，概率密度分布无明显规律。

对不同初始相干长度、偏振态以及拓扑电荷数激光光束在大气湍流中的传输特性进行了理论研究。并采用第 5 章所设计标定的大气湍流模拟装置来模拟大气湍流，研究了不同初始相干长度、偏振态以及拓扑电荷数激光光束在大气湍流中传输时抑制大气湍流的能力。实验结果表明：① 随着相干长度的减小，激光光束受大气湍流影响所产生的光强闪烁效应越来越小。且与完全相干光相比，部分相干光束不仅在闪烁因子统计量上小于完全相干光，其光强闪烁的强度波动量也小于完全相干光。② 当偏振角 $45° \leqslant \theta < 90°$ 时，光束经过大气湍流传输后的闪烁因子随着偏振角的增大而减小；当偏振角 $0° < \theta \leqslant 45°$ 时，光束经过大气湍流传输后的闪烁因子随着偏振角的减小而减小。左旋圆偏振和右旋圆偏振激光光束，其光强闪烁因子随湍流强度的变化趋势基本相同，与线偏振激光光束相比，左旋圆偏振光和右旋圆偏振光在相同的大气湍流强度下其光强闪烁因子均小于任何偏振角度的线偏振光。③ 随着光束拓扑电荷数的增加，激光光束受大气湍流影响所产生的光强闪烁效应越来越小。对于拓扑电荷数为 4 的激光光束，其在大气相干长度为 5cm 时的闪烁因子为 0.03 左右，而完全相干光此时已经达到 0.16 以上。

对激光通信系统发射端光束的初始偏振态、相干特性以及螺旋相位特性进行了优化，在真实的大气环境下进行了通信距离为 6.2km 的野外大气通信实验。实验结果表明：① 对激光通信系统光源的初始相干长度、偏振态以及螺旋相位进行优化的方法，可以有效地降低接收端光强起伏。② 对于初始相干长度、偏振态以及螺旋相位优化的激光通信系统，其全天的误码率均在 10^{-10} 量级以下，全天一半以上的时间范围内均未出现误码。对于高斯光束激光通信系统，其误码率的最高值达到了将近 10^{-6} 量级。可见，对激光通信系统的初始相干长度、偏振态以及螺旋相位进行优化，可以有效地抑制大气湍流对激光通信系统的影响，降低接收端光强起伏，降低激光通信系统误码率，有效地提高激光通信系统性能。

目 录

前言
第1章 绪论 ··· 1
  1.1 研究背景和意义 ··· 1
  1.2 国内外研究现状 ··· 3
  1.3 本书主要研究内容 ·· 7
第2章 激光在大气中传输的特性 ··· 9
  2.1 激光在大气中传输的基本理论 ··· 9
    2.1.1 大气湍流的形成 ·· 9
    2.1.2 大气折射率结构常数 ·· 12
    2.1.3 大气折射率起伏功率谱密度 ··· 14
    2.1.4 光强闪烁 ··· 15
    2.1.5 光斑漂移 ··· 17
  2.2 激光在大气中传输的特性实验研究 ··· 17
    2.2.1 实验设置 ··· 18
    2.2.2 光强闪烁 ··· 21
    2.2.3 到达角起伏 ·· 30
    2.2.4 光斑漂移 ··· 38
  2.3 本章小结 ·· 44
第3章 大气对激光通信系统性能的影响 ·· 45
  3.1 大气对激光通信系统性能影响的基本理论 ································ 45
    3.1.1 OOK调制误码率分析 ·· 45
    3.1.2 中断概率 ··· 47
    3.1.3 平均容量 ··· 48
  3.2 大气对激光通信系统性能影响的实验研究 ································ 49
    3.2.1 实验设置 ··· 49
    3.2.2 大气激光通信系统误码率测试 ·· 51
  3.3 本章小结 ·· 55
第4章 激光光束多维度特性调控 ··· 56
  4.1 基于液晶的相位调制技术 ·· 56
    4.1.1 液晶的电控双折射效应 ··· 57

4.1.2 液晶空间光调制器选取与使用·············58
4.2 激光光束偏振态调制·············59
　　4.2.1 光波偏振态·············59
　　4.2.2 光波偏振度·············62
　　4.2.3 基于液晶空间光调制器的光偏振态调控·············62
　　4.2.4 激光偏振态调控实验与结果分析·············64
4.3 激光光束相干度调控·············67
　　4.3.1 光波相干特性·············67
　　4.3.2 光束相干特性调控原理·············68
　　4.3.3 光束相干特性调控实验与结果分析·············69
4.4 激光光束相位特性调控·············72
　　4.4.1 涡旋光束·············72
　　4.4.2 基于液晶的涡旋光束产生原理·············72
　　4.4.3 涡旋光束生成实验·············73
4.5 激光光束多维度复合调控及整形发射技术·············75
　　4.5.1 束散角与相干度同时调控的基本原理·············75
　　4.5.2 相干度与束散角调制实验与结果分析·············78
4.6 多参数高精度可控激光光源·············82
4.7 本章小结·············83

第 5 章 大气湍流模拟装置性能分析·············85
5.1 大气湍流模拟装置原理及组成·············85
5.2 湍流模拟装置信道参数标定·············86
5.3 湍流模拟装置模拟稳定性实验研究·············91
　　5.3.1 波长稳定性·············91
　　5.3.2 区域稳定性·············92
　　5.3.3 频谱稳定型·············94
5.4 湍流模拟装置模拟等效性实验研究·············95
　　5.4.1 实验设置及基本原理·············95
　　5.4.2 频谱对比·············97
　　5.4.3 概率密度对比·············99
5.5 本章小结·············101

第 6 章 不同初始特性激光光束受大气湍流影响的研究·············103
6.1 不同相干度激光光束受大气湍流影响的情况研究·············103
　　6.1.1 部分相干光束在大气湍流中的传输理论·············103
　　6.1.2 部分相干光束在大气湍流中传输的实验研究·············105

6.2 不同偏振态激光光束受大气湍流影响的情况研究 ················ 108
    6.2.1 不同偏振态光束在大气湍流中的传输理论 ················ 108
    6.2.2 不同偏振态光束在大气湍流中传输的实验研究 ············ 112
6.3 不同拓扑电荷数涡旋光束受大气湍流影响的情况研究 ············ 115
    6.3.1 不同拓扑电荷数涡旋光束在大气湍流中的传输理论 ········ 115
    6.3.2 不同拓扑电荷数涡旋光束在大气湍流中传输的实验研究 ···· 117
6.4 本章小结 ·· 120

第 7 章 光束优化的激光通信系统大气信道性能实验研究 ············ 122
7.1 实验系统及方案 ·· 122
    7.1.1 实验链路 ·· 122
    7.1.2 实验系统 ·· 123
    7.1.3 实验方案 ·· 125
7.2 实验结果与分析 ·· 126
7.3 本章小结 ·· 128

第 8 章 总结和展望 ·· 129

参考文献 ·· 134

彩图

第1章 绪　　论

1.1 研究背景和意义

随着现代通信步入个人通信时代,通信系统日益庞大和复杂,对信息交换的容量、信息传输实时性、信息速率、保密、抗干扰、抗截获能力等提出了更高的要求,只依靠现有的卫星载波中继,容量小、成本高,已越来越满足不了通信事业和人类信息社会飞速发展的需要。为了满足我国社会经济发展与国防事业的迫切需要,急需发展高码率、高保密性和抗截获能力的信息传输系统。

由于激光的波长在微米量级或更短,因此具有很宽的通信带宽,可提供极高的信息传输速率(1Gbit/s甚至更高到几十 Gbit/s)。激光光束发散角可以做到很小,达到弧度甚至微弧度量级,有很强的指向性,这就使信号光束难以被截获、窃听,可以极大地提高通信系统的安全性。与微波和毫米波通信相比,激光通信终端的体积小、重量轻、能耗低。激光通信系统所具有的上述优点对于建立各种目标之间的高速轻型通信链路具有十分重要的意义。

研究空间激光通信技术的国家和地区主要有美国、欧洲、日本和俄罗斯。从20世纪60年代开始,上述国家投入大量人力和物力,对空间激光通信进行了长期研究。近二十年来,随着技术的不断进步,激光器及其调制技术、探测器技术、光学精密机械加工制造和装调技术、自适应光学技术和计算机技术等都有了重大突破,在地对地链路、飞机对地链路、卫星间链路、卫星对地链路等方面取得了大量研究成果,在链路传输距离、激光通信速率、误码率等重要技术指标方面取得了重大进展。目前,空间激光通信技术的发展正处于实际应用和全面发展阶段,已完成了各种激光通信链路系统的概念研究,关键技术和核心部件已基本解决,在实验室内实现了多种激光通信链路的原理验证,已进行了低轨卫星对同比卫星和同步卫星之间的低中码速率激光通信实验和高轨卫星对地面站、低轨卫星对地面站的激光通信实验。这些通信实验系统达到了高捕获概率、短捕获时间、抗多种干扰的高灵敏度动态跟瞄和较高传输速率的预期目标。

我国卫星间光通信研究与欧洲、美国、日本相比起步较晚,从20世纪70年代开始激光通信技术的跟踪和初步研究,由于激光技术、精密机械、材料和控制技术等限制,发展速度相对较慢。国内开展空间激光通信的单位目前主要有哈尔滨工业大学、中国科学院上海光学精密机械研究所(简称中科院上海光机所)、中国电子科技集团公司第三十四研究所、中国空间技术研究院(简称航天科技五院)、北京大学、电子科技大学、长春理工大学等。其中长春理工大学于 1999 年在国内首次实现车载动基座间的野外通信。2002~2003 年长春理工大学承担了国家 863 课题，即空间平台测控与通信技术研究及卫星与地面间激光间激光通信技术研究，完成了一些关键技术实验研究。

空间激光通信技术中的很多链路都要经过大气，如地对地链路、飞机对地链路、卫星对地链路等，大气环境对激光通信系统的影响不能忽视。激光通过大气信道传输时会产生大气衰减效应及大气湍流效应。大气衰减效应是由大气组成对光波的吸收和散射作用而造成的能量的衰减；大气湍流效应是由大气的湍流运动使大气折射率具有随机起伏的性质，光束在大气信道中传输时会产生光束随相位的随机起伏、光束的随机漂移、能量在光束截面上的重新分布（畸变、展宽、破碎等）以及由此而引起的激光接收系统探测面上的光强起伏等现象。上述种种影响可能会使激光信号探测信噪比降低，捕获瞄准跟踪系统工作不正常，从而导致通信突发错误，甚至中断。因此，解决大气的影响是国内外空间激光通信研究人员需要解决的关键问题。大气湍流和背景噪声是制约大气激光通信系统性能的主要因素。大气运动形成的大气湍流引起大气激光折射率出现随机起伏，造成在其中传播的激光出现光强闪烁、光斑漂移、到达角起伏、相位起伏、光束扩展等现象，使得接收光信号受到严重干扰，通信误码率上升，甚至出现短时间通信中断，严重影响了大气激光通信的稳定性和可靠性。在大气激光通信系统中，精密的捕获、对准和跟踪（APT）技术是一项世界性的难题，跟踪探测器上的光斑能量控制是 APT 系统中的关键技术之一。同样的，大气湍流和背景噪声也对捕获、对准和跟踪造成很严重的影响，大大降低了对准精度，增加了对准时间，降低了系统工作的稳定性。并且，通常跟踪系统探测器均采用 CCD（能量积分型器件），因此频域降噪技术对其已无能为力，在光谱域进行降噪（采用窄带滤光片）也存在着激光温漂问题。根据实验研究，经过 1km 和 6.2km 大气传输后，不同初始相干长度激光光束受大气影响的程度不同。降低光束的初始相干长度，可以在一定程度上抑制大气湍流造成的激光光束强度闪烁效应、到达角起伏效应以及光斑漂移效应等。对光束进行螺旋相位调制使其具有初始轨道角动量也同样能对大气湍流的影响有一定的抑制。不同偏振态的激光受大气影响程度也不同。所以，如果对激光通信系统的通信光与信标光同时进行初始的相干特性、偏振特性以及相位特性的优化，可以在很大程度上提高激光通信系统的通信质量和跟踪对准精度，实现低成本、高性能、高稳定性的大气激光通信。并且，激光光束具有轨道角动量后，如果在其传输过程中出现了遮挡（即监听），哪怕只是较小的一部分光束被遮挡，在接收端所接收到的光束的轨道角动量也会发生变化。对于圆偏振光，在大气中传输时，其偏振态（左旋或者右旋）不发生改变，亦即大气对圆偏振态没有退偏作用。若能研制出高精度激光光束多维度复合调控组件，实现上述对激光通信系统通信光和信标光参数的初始调整和优化，再结合现有电控技术和信号处理技术,可为高速保密激光信息传输技术提供一种切实可行的途径。

1.2 国内外研究现状

为了减小大气环境对激光通信系统的影响,研制高速率、低误码率的空间激光通信系统,国内外空间激光通信技术研究人员进行了深入的研究,获得了大量有关大气影响的数据,提出了很多有价值的方法和方案。

在地面接收端,大孔径接收是克服大气湍流效应最简单的一种方法。接收端接收孔径的大小决定了由强度波动所引起的接收端强度起伏。增大接收端接收孔径可以减小能量波动。这种接收端孔径对能量波动的影响便称为孔径平滑效应。并且,如果接收端孔径没有尺寸的限制,可以无限地增大,那么便不会有由大气湍流引起的闪烁,但实际上这种情况并不会出现。在实际使用中,通常会权衡接收孔径的大小、接收装置尺寸以及指向跟踪误差等因素,进而选取一个最优的接收孔径尺寸。对于平面波和球面波,孔径平均理论已在弱起伏条件下有着广泛的应用和实践[1-7],并且,逐渐应用于强湍流条件[6,7]。为了孔径平滑理论,研究人员进行了一系列实验。但在早期的实验研究中并未考虑闪烁的饱和效应,这导致实际的实验结果与理论预测结果并不相符。并且,随后的实验数据也受到实验路径长度的限制[1-3]。Churnside 分别导出了弱湍流和强湍流区、平面波和球面波的孔径平滑因子计算表达式[8];Andrews 等导出了适用于不同湍流区的孔径平滑因子计算普适模型[9]。美国 Maryland 大学的 Maryland Optics Group (MOG)对大孔径接收技术展开了一系列理论和实验研究。在实验中,他们采用了混合式自主重构技术、定向光和射频无线网络等新技术,这些措施主要为:① 窄光束独立设置链接;② 全网链路状态变化管理,将指向、对准精度和拓扑结构链路控制进行关联。在他们的研究中,采用对接收到的光强闪烁信息进行多图分析的手段对自由空间光通信链路进行了灵活的分析和优化,对孔径平滑理论进行了详尽的分析,并推导出孔径尺寸选取和收发器尺寸、重量以及功率等制约因素的关系[10,11]。Wayne 等在不同的湍流条件下,采用不同的孔径尺寸开展了 1km 水平链路实验。其结果显示当前的孔径平滑理论模型和实验数据之间还不能非常完美地吻合,无论采用何种模型都不能准确地描述实验数据[12]。Frida 等针对孔径尺寸与光强闪烁强度间的联系进行了分析研究,结果表明,在中强度起伏条件下,当接收孔径尺寸为大气相干长度时,光束强度的起伏是服从对数正态分布的;当大气相干长度远大于接收孔径尺寸时,光束强度起伏服从 gamma-gamma 分布[13]。Naila 等针对激光通信进行了相关研究,其采用多载波调制的 M 进制相移键控的激光通信系统在不同的湍流强度条件下进行孔径平滑模型分析,发现若要减小光强闪烁对激光通信系统的影响,需对系统平均载波噪声、接收孔径大小以及失真比进行折中[14]。Kumar 等研究了采用不同调制方式下,孔径平滑现象对激光通信系统抑制大气湍流影响性能的提升,其结果表明孔径平滑效应对大气湍流影响的抑制能力在 OOK 调制模式下最强[15]。

除了大口径接收技术,美国加利福尼亚理工学院的 James Lesh 和 Keith Wilson 等提出了一种增加发射接收孔径数目的大气影响抑制方法。通过将传统的单束发射接收光束变为多数不相干的激光光束,且各激光光束间的光程差大于激光光束本身的相干长度,其本质是一种非相干叠加技术。美国的喷气推进实验室 (Jet Propulsion Laboratory,JPL) 和麻省理工学院的林肯实验室在大气光学参数检测及多光束在大气中传播的理论和实验研究基础上,进行了多次长期的多光束大气传输特性实验[16,17],取得了大量的实验结果和数据。紧接着,美国和日本针对多孔径发射接收技术在抑制湍流上的有效性上进行了多次名为 GOLD 的实验。Kim 开展了 TerraLinkTM8-155 大气测量实验。其结果表明,在相同的孔径尺寸条件下,更多的光束数目,可以更好地抑制大气湍流对激光光束的影响。并且,其还对接收端光束进行了概率密度分析。结果表明:采用单发射口径时,接收端光强起伏非常大,并且服从指数分布,而随着孔径数目的增多,接收端光强闪烁概率密度近似服从对数-正态分布[18]。Navidpour 等推导出多孔径发射接收激光通信系统误码率的计算方法,若要使激光通信系统的误码率保持在一个很低的水平,需要将孔径间距增大到一定的距离才可以抵消受到各子系统空间相关性的影响[19]。在此基础上,Cvijetic 等推导出多孔径发射接收系统的系统性能边界,并对多雪崩二极管 (APD) 信号输出增益的大小进行选择[20]。Belmonte 等研究了多孔径发射接收技术对激光通信系统的谱效率、中断容量等性能指标的影响情况[21]。Tsiftsis 等采用 K 分布作为大气信道模型,分析了 OOK 调制模式下,多孔径发射接收技术对激光通信系统性能的提升并得出了误码率表达式[22]。Navidpour 等分析了采用多孔径发射接收提升激光通信系统性能,大气信道模型为正态分布时,强度调制 OOK 调制模式下的大气激光通信系统误码率表达式[23]。Zhu 等对多孔径发射接收模式下,符号判断模式的选取对激光通系统误码率的影响情况进行了研究。结果表明,最大释然检测器性能最优[24]。Popoola 等利用多孔径发射接收技术提高激光通信系统性能,计算了当大气信道为对数分布时,采用相移键控 (PSK) 调制模式的激光通信系统误码率的计算表达式,并采用 PIN 型探测器为信号接收装置,分析了最优增益、等增益以及选择核定技术等的性能对比[25]。进一步,Hung 还对差分相移键控 (DPSK)、相移键控 (PSK) 等其他调制方式的性能进行了分析[26]。Ghassemlooy 等推导出相移键控激光通信系统在信道服从 gamma-gamma 模式时的误码率表达式[27]。

在不增加或不改动系统硬件的情况下,通过优化激光通信系统中探测器的阈

1.2 国内外研究现状

值及某些关键参数,或采用自动控制的方式使这些参数在系统运行时可以自适应地适时调整,也可以抑制大气对激光通信系统的影响。美国喷气推进实验室的 Mukai 等曾利用自适应阈值技术减小空–地激光通信链路的误码率[28]。Burris 等也利用自适应阈值技术来实现光通信终端中滤波器探测器阈值的智能设定,从而提高对光信号的识别及检测能力,降低系统误码率[29]。Wang 等的研究也表明,通过预测光信号衰落的边缘概率分布,可以利用最大似然逐符号检测或最小均方误差等方法来估计信号的衰落情况,从而为探测器设定一个合理的阈值,进而提高系统的性能[30]。Louthain 等也在机载光通信终端中使用自适应阈值技术来抑制大气闪烁带来的噪声,并取得了一定的效果[31]。但优化阈值及参数需要完善的理论分析作为支撑才能取得比较理想的优化效果。

2002 年,Tyson 首次在激光通信系统中加入了自适应光学技术,理论分析表明,自适应光学技术有效地降低了大气湍流对通信链路的影响[32]。日本也于 2005 年利用加装了自适应系统的光学地面站与国际空间站进行了对接实验[33]。进入 21 世纪,自适应光学技术发展迅速,越来越多的光通信系统中加入了自适应光学技术,以校正大气闪烁对光束的影响[34]。然而,尽管自适应光学技术可以有效抑制大气的闪烁效应,提高光学系统的成像质量,但是要把自适应光学技术与自由空间光通信系统完美结合还有一些问题要解决。如在通信距离较远、存在强闪烁现象的条件下,光束波前会不连续,波前探测器不能有效地实时反映出光束的波前质量情况,这也就导致了自适应系统不能通过有效地重构波前,达到校正的目的。1998 年,中国科学院安徽光学精密机械研究所的王英俭等对采用自适应技术的激光大气传输实验结果证实,在强闪烁条件下,光强的振幅达到饱和后会使自适应光学系统的闭环控制产生振荡,从而无法正常工作。Lukin 等于 1999 年采用自适应光学技术进行的大气激光通信实验结果也表明,在弱湍流情况下,自适应系统可有效降低系统误码率,但在强湍流情况下,校正效果不明显[35]。2010 年,Berkefeld 等采用 1064nm 波长激光器在欧空局地面光学观测站和卫星之间进行了加入自适应光学系统的星地激光通信实验,其所采用的自适应光学系统变型镜为 144 单元薄膜型变形反射镜,波前探测器为子孔径数为 11 的哈特曼波前传感器[36]。Levine 等在相距 1.3km 两端间进行了水平链路实验,分析研究自适应光学系统对水平链路大气激光通信系统湍流影响的补偿能力。其结果表明,加入自适应光学系统后,激光通信系统光斑的斯切尔比由约 0.09 提升到了 0.58 左右,光束质量显著提高[37]。但将自适应光学系统加入激光通信系统中还有很多关键问题有待解决。首先,激光通信链路较长,并且在强起伏条件下时,过强的湍流会打破光束波前的连续性,造成相位分支点出现。此时,波前畸变很难被波前传感器探测,这就意味着波前矫正器失去了矫正的参考相位,自适应光学系统无法工作。Lukin 等的研究便证明了这种观点,在强湍流条件下,由于波前传感器无法为波前矫正器提供矫正参考相位,自适应光学系统校正湍流的能力极大地受到了限制[38]。并且,自适应系统结构比较复杂,造价高,系统工作时,若要获得较好的校正效果,需要很高的校正带宽,对技术与设备均有很高的要求。针对这种情况,Weyrauch 等提出了一种新型的自适应光学系统——无波前传感器的自适应光学系统,其在激光通信系统中加入了这种盲优化的自适应光学系统。这种自适应光学系统工作时,探测器探测到经大气信道传输的带有信号的光束,以探测到的光强作为受大气影响的评价指标,采用随机并行梯度算法进行反复迭代进而优化系统的性能指标,抑制大气对激光通信系统的影响。其中,采用超大规模集成电路来进行自适应光学系统的随机并行梯度运算,波前校正器为 132 单元变形反射镜。实验结果表明,在弱湍流和中等湍流条件下,该方法可以很好地对大气湍流造成的波前畸变进行矫正,并且,即使在强起伏条件下,该方法仍具有一定的矫正能力。与传统的由波前自适应光学系统相比,由于盲优化型自适应光学系统具有结构简单、实时性强、成本低、强湍流条件下工作性能好以及计算量较小的优点,在激光通信领域有很广阔的应用空间[39,40]。但目前该方法还不够成熟,更好地对激光通信系统性能的评价表达式的建立仍有很多难题需要解决,并且目前的迭代过程很烦琐,计算效率较低。

采用相移键控调制的原理进行信号调制和解调,可以在很大程度上提高激光通信系统的探测灵敏度。2010 年,在卫星 TerraSAR-X 的通信终端和 DLR 地面光学站进行了星地激光通信实验[41],采用相移键控调制的相干检测技术,最高通信速率达到了 5.625Gbit/s,首次实现了星地相干光通信链路。但由于需要接收波面的相位完整,又因在探测端信号与本振光混频后的干涉条纹对比度将下降,为保证一定的误码率,准确的信号解调需要在天气能见度状况极好、湍流很弱的情况下才可以采用相移键控调制机理。此外,在通信速率大于 10Gbit/s 且前置放大器达到一定灵敏度需求情况下,湍流效应导致的波前畸变将增大通信误码率,所以基于相移键控调制的外差探测接收技术无法满足大气激光通信链路的要求。

用全息成像技术补偿大气闪烁对光束的影响是解决大气湍流问题的一个新方法。1949 年 Gabor 首次建议使用波前记录 (全息) 方法校正显微镜的畸变。随后 Semenova 等继续对该技术进行研究[42,43]。全息技术可以通过动态全息图记录光束的波前信息,从而对干扰进行补偿。相比于自适应光学系统,全息技术的优点在于降低了系统的复杂程度,不需要加装高性能的控制系统,提高了可靠性的同时降低了系统功耗。但是,目前全息补偿技术还在研究发展中,关键技术不完善,离实际应用尚有一定距离。

为了减少大气环境对激光通信系统的影响,除了以上提到的补偿大气湍流对激光通信系统性能影响的方法外,也可以在发射端对初始光束进行优化。2002 年,Ricklin 等提出使用部分相干高斯谢尔光束作为大气光通信系统的发射光源,解析地研究了部分相干光束在弱湍流条件下强度起伏空间相关性和对数强度方差,研究结果表明:随着光源的空间相干长度降低,大气湍流引起的闪烁系数减小,空间光通信系统误码率明显降低[44]。美国洛斯阿拉莫斯国家实验室的 Berman 等采用量子力学方法研究部分相干光经大气湍流长距离传输的光子分布函数及其量子效应,结果表明部分相干光能明显降低闪烁系数[45]。Shirai 等又采用模式分析法研究了湍流大气传输中部分空间相干光的光束扩展,研究表明低阶模式在湍流大气中的相对扩展要大于高阶模式[46]。Borah 等对大气激光通信系统中最优初始光束相干长度进行了实验研究,其在弱湍流条件下,不同相干长度的激光通信系统的中断概率及系统性能的变化情况进行了分析。并对波前曲率、链路长度、波长以及光束波前相位半径等光束参数对相干长度的影响进行了详细的分析[47]。在此基础上 Xiao 等提出了激光通信系统中最优相干长度的选取方法[48]。Kyle 等对激光通信系统初始光束相干长度抑制大气湍流对激光通信系统性能影响的情况进行了理论分析和实验研究。其研究结果表明,在不同湍流情况下,与采用完全相干光作为初始光源的激光通信系统相比,采用部分相干光的激光通信系统在接收端的光强闪烁值可以减少 50%[49]。2008 年,Liu 等提出了基于涡旋光束轨道角动量的光信息编码,并对其传输过程中的编码与解码进行了研究,这种新型的编码方式具有更高的保密性[50]。2010 年,Djordjevic 等对涡旋光束在大气中传输的情况进行了分析和研究,研究表明:涡旋光束受大气湍流影响较小[51]。

1.3 本书主要研究内容

目前,大多数的研究都是从解决某个具体技术问题的方向出发的,而没有以激光通信系统整体角度对激光相干、偏振、相位特性及其应用技术进行系统和较深入的理论和实验研究,例如,激光在大气传输过程中偏振态、相干特性以及相位特性的变化特点,激光通信系统内部光路中激光相干、偏振以及相位特性的变化及其规律,以及如何合理利用激光相干、偏振以及相位特性变化规律进行系统的优化设计,最大限度地提高激光通信系统的性能指标,等等。本书主要研究内容如下:

(1) 研究高斯光束在大气中传输时受大气湍流影响的情况,主要研究大气湍流所引起的激光光束在接收端的光强闪烁、到达角起伏以及光斑漂移等现象,分别采用统计分析、概率密度分析以及频谱分析等方法研究湍流所引起的上述现象;并得出大气湍流的日变化规律、季节变化规律以及波长变化规律。

(2) 从 OOK 调制模式下激光通信系统在大气信道中运行时的误码率、中断概率以及平均容量等三个方面分析大气湍流对激光通信系统性能的影响,并在真实大气环境下,研究大气湍流所引起的接收端光强起伏现象对激光通信系统性能的影响。

(3) 研究采用液晶对激光光束偏振、相干度以及螺旋相位进行高精度调控的理论和方法。并设计实验对激光光束进行偏振、相干度以及螺旋相位调制，验证调制精度。研究激光光束的相干度及束散角复合调控技术，对调控精度进行实验验证，设计并制作多参数高精度可调激光光源。

(4) 研究并制作大气湍流模拟装置。并采用真实链路测量数据对湍流模拟装置所模拟湍流的信道参数、稳定性及等效性进行实验验证。

(5) 利用所制作的大气湍流模拟装置，定量研究不同偏振态、相干长度以及拓扑电荷数激光光束受大气湍流影响的情况，分析不同激光光束的不同初始参数来抑制湍流影响的能力，得到在不同大气环境下的最优初始光源参数，以抑制大气湍流对激光光束传播的影响。

(6) 对激光通信系统发射端光束的初始偏振态、相干长度以及拓扑电荷数进行优化，并在真实的大气环境下进行野外大气通信实验，验证本方法抑制大气湍流对激光通信系统性能影响及提升大气激光通信系统性能的能力。

第 2 章　激光在大气中传输的特性

2.1　激光在大气中传输的基本理论

2.1.1　大气湍流的形成

大气主要由大气分子、水蒸气及各种悬浮微粒构成，这种复杂的组成成分决定了大气湍流给光束传输带来的影响是复杂的。大气中的气体分子、气溶胶粒子、水蒸气等会对光束产生吸收和散射。其中，大气吸收可导致光波能量衰减，但并不改变光波成像质量；大气散射直接改变光强分布及光斑形状，而不造成能量损失。大气湍流除了具有吸收和散射效应外，还存在一定的湍流运动现象[52]。大气湍流可以看作一种随机起伏、各向异性的光学介质。

19 世纪 80 年代，英国物理学家 O. Reynolds 首次对湍流进行了实验，并提出一个用来判定流体的流动状态的无量纲数——雷诺数 Re。具体的定义为

$$Re = \frac{\rho v L}{\mu} = \frac{vL}{\nu} \tag{2.1}$$

式中，ρ 表示流体的密度 (kg/L)；v 表示流体的特征速度 (m/s)；L 表示流体的特征长度 (m)；μ 表示流体的黏性系数 (m/(s·L))；$\nu = \rho/\mu$ 表示运动黏性系数 (m²/s)。

已有研究表明，当雷诺数 Re 小于临界雷诺数 Re_c 时，大气的流动为层流运动；反之，则转化为湍流运动。层流与湍流的示意图如图 2.1 所示。

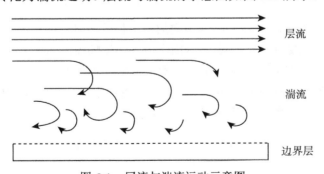

图 2.1　层流与湍流运动示意图

雷诺数的定义源于流体的惯性力和内摩擦力的比值关系。假设湍流的运动过程中，单位时间内转化为湍流动能的能量为 T^*，平均耗散率为 ε，则湍流能量 E'

的变化情况为
$$\frac{dE'}{dt} = T^* - \varepsilon \tag{2.2}$$

式 (2.2) 为湍流能量平衡方程。当湍流处于稳定状态时，E' 为常数，则 $T^* = \varepsilon$；若 $T^* > \varepsilon$，平均动能继续转换为湍流动能，促使湍流继续发展；相反，湍流将逐渐趋于消亡。

根据以上分析可以总结如下：大气湍流涡旋的分裂过程中部分涡旋的消失和新涡旋的产生是同时进行的，如图 2.2 所示。湍流运动中在任意时刻都存在 (l_0, L_0) 之间的连续涡旋，其中 l_0 为湍流的内尺度，L_0 为湍流的外尺度。大气湍流的内尺度一般与光斑的闪烁强度有关，即内尺度在一定程度上对光波的传输质量起着决定性作用。不同特征尺度的湍流对光束的影响不尽相同。当湍流尺度大于光束传输直径时，接收端的光斑成像主要表现为光束随机漂移；当湍流尺度与光束传输直径相差无几时，接收端的像点极易发生抖动；当湍流尺度小于光束传输直径时，接收端光强起伏现象占据主导地位。

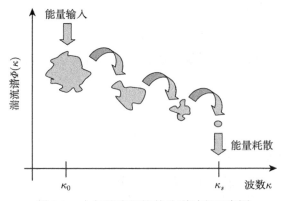

图 2.2 大气湍流涡旋的分裂过程示意图

大气湍流的内尺度是随着高度的增加而变化的，但目前还没有描述其变化规律的确定模型，一般为毫米量级，地面附近的典型测量值一般在 3~10mm。对于大气湍流外尺度，人们根据中国科学院安徽光学精密机械研究所曾宗泳等组成的研究小组在昆明的球载探空数据以及 Coulman 等在美国、智利和法国等地广泛测量获得的数据给出了其随海拔变化的拟合公式[53]：

$$L_0 = 0.5 + 5\exp\left[-\left(\frac{h - 7500}{2500}\right)^2\right] \tag{2.3}$$

如图 2.3 所示，大气湍流外尺度在一定海拔范围内随高度的增加而增加，在海拔为 7~8km 时达到最大值，约为 5.5m。然后随高度的增加开始下降，最终趋于平稳。

2.1 激光在大气中传输的基本理论

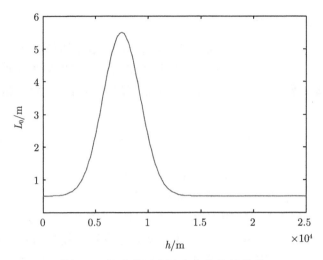

图 2.3　湍流外尺度随高度变化的关系

如图 2.4 所示，湍流是地球表面对气流拖曳造成的风速剪切、太阳辐射导致的地表温度差异或地表热辐射引起的热对流所造成的大气温度场和速度场的改变等使得大气产生随机运动而形成的。

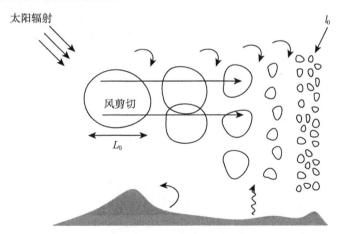

图 2.4　大气湍流形成原因

一般情况下，研究光波在大气湍流中的传输特性相关实验都是在地球表面大气层进行的，特殊情况下，还会利用飞机甚至卫星进行高空或深空实验。但是由于实际大气信道中的湍流情况十分复杂，且不易重复，同时受到海拔等诸多因素的限制，所以深入研究大气湍流环境中光波的传输理论比较困难，而数值模拟研究又仅能在现有理论的基础上对简单的情况进行分析。因此，研究对实际大气湍流运动的等效模拟技术十分必要，可为实际测量提供有效的指导。

2.1.2 大气折射率结构常数

大气湍流主要成因是折射率的随机变化，大气湍流的折射率是湍流效应必须研究的问题。Kolmogorov 理论中给出对两个观测点间折射率增量取系综平均，得到了折射率结构函数 $D_n(r)$，该函数可用于表征局部均匀各向同性湍流的折射率变化情况[53]：

$$D_n(r) = C_n^2 r^{2/3}, \quad l_0 < r < L_0 \tag{2.4}$$

可以看出，$D_n(r)$ 与标量距离 r 的 2/3 次方成正比，大气折射率结构常数 C_n^2 是度量光学湍流强度的物理量，单位为 $\mathrm{m}^{-2/3}$。

应该指出，大气折射率结构常数 C_n^2 不是真正的常数，而是时间和空间的函数，它是激光在大气信道中传输的一个基本参数，该参数的模型得到了科学家的广泛研究。最终将大气折射率结构常数划分为两个部分：一部分是边界层，其湍流状态受地面状况影响较大；另一部分是自由大气湍流，一般距离地面较高，其湍流状态基本不受地面状况影响。

Hufnagel 根据实测数据，给出了在 3~24km 范围内适用的经验 C_n^2 公式，其中 Hufnagel-valley 和修正的 Hufnagel-valley 模型是普遍采用的两种较为成功的模型。Hufnagel-valley 模型属于白天 C_n^2 模型，主要用于天基遥感观测；修正 Hufnagel-valley 模型属于夜间 C_n^2 模型，主要用于地基望远镜观测。Hufnagel-valley 模型中

$$C_n^2(h) = 5.94 \times 10^{-53}(v/27)^2 \times h^{10} \times \mathrm{e}^{-h/1000} + 2.7 \times 10^{-16} \times \mathrm{e}^{-h/1500} + A \times \mathrm{e}^{-h/100} \tag{2.5}$$

式中，h 表示观测点的海拔 (单位 m)；参量 A 为 $C_n^2(h)$ 在地表处的标准值，即 $C_n^2(0)$；v 表示高度为 h 的观测点处风速，通常用于调整高空的湍流强度，可表示为

$$v = \left[\frac{1}{15}\int_5^{20} v^2(h)\mathrm{d}h\right]^{1/2} \tag{2.6}$$

因此，v 表示在海拔 5~20km 的均方根速度，Hufnagel 认为 v 是正态分布的。以应用较为广泛的 HV21 模型为例，取值 $v = 21\mathrm{m/s}$。$A = 1.7 \times 10^{-14}\mathrm{m}^{-2/3}$，此时

$$\begin{aligned}C_n^2(h) =& 5.94 \times 10^{-53}(21/27)^2 \times h^{10} \times \mathrm{e}^{-h/1000} \\ &+ 2.7 \times 10^{-16} \times \mathrm{e}^{-h/1500} + 1.7 \times 10^{-14} \times \mathrm{e}^{-h/100}\end{aligned} \tag{2.7}$$

修正的 Hufnagel-valley 模型是在 Hufnagel-valley 模型的基础上进一步改进得到的，其函数表达式如下：

$$C_n^2(h) = 8.16 \times 10^{-54} \times h^{10} \times \mathrm{e}^{-h/1000} + 3.02 \times 10^{-17} \times \mathrm{e}^{-h/1500} + 1.9 \times 10^{-15} \times \mathrm{e}^{-h/100}$$
(2.8)

强湍流通常采用 HV21 模型来描述，而修正的 Hufnagel-valley 模型属于弱湍流模型。由 (2.7)、(2.8) 两式可以看出，两个模型中 $C_n^2(h)$ 随海拔变化而改变，且变化较显著，大体上在风速一定的条件下，海拔越高，$C_n^2(h)$ 越小，其变化规律如图 2.5 所示。

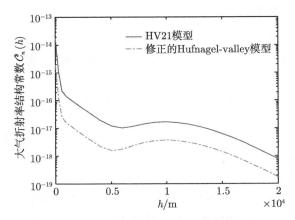

图 2.5　$C_n^2(h)$ 随海拔 h 变化的关系曲线

大气折射率结构常数 C_n^2 与大气条件和海拔有关，由图 2.5 可以看出，大气折射率结构常数 C_n^2 值随海拔增高呈现递减趋势，在低海拔位置湍流强度极易受地球表面环境影响。

大气折射率结构常数的变化非常复杂，若地球表面是水等热容量比较大的介质，则湍流强度的起伏会相对较弱，大气折射率结构常数 C_n^2 也会相应较小，且日变化趋势相对较平稳。一般来说，地球表面裸露的地方的湍流效应要比被植物覆盖的地方强烈，城市地区湍流强度远远大于乡村地区，沙漠一般具有最强的湍流效应。

大气折射率结构常数 C_n^2 的取值一般在 $10^{-18} \sim 10^{-13} \mathrm{m}^{-2/3}$ 范围内。关于湍流强弱的划分目前还没有统一的标准。Davis 从大气折射率结构常数 C_n^2 的角度对大气湍流的强弱进行了划分，如表 2-1 所示。

表 2-1　大气湍流强弱划分表

湍流强度	大气折射率结构常数 $C_n^2/\mathrm{m}^{-2/3}$
强湍流	$C_n^2 > 2.5 \times 10^{-13}$
中等强度湍流	$6.4 \times 10^{-17} < C_n^2 \leqslant 2.5 \times 10^{-13}$
弱湍流	$C_n^2 \leqslant 6.4 \times 10^{-17}$

2.1.3 大气折射率起伏功率谱密度

大气折射率起伏功率谱密度一般记为 $\Phi(\kappa)$，是大气折射率的空间自相关函数的三维傅里叶变换。对大气折射率起伏规律 (大气折射率起伏谱) 的准确描述是研究大气湍流效应的关键所在。因此，研究人员根据大量模拟及实测数据提出了多种大气折射率起伏功率谱函数[54]。下面介绍几种常用的大气折射率起伏功率谱密度模型。

1. Kolmogorov 功率谱 (K 谱)

前文中式 (2.4) 所描述的折射率结构函数 $D_n(r)$ 与大气折射率起伏功率谱密度 $\Phi(\kappa)$ 为傅里叶变换对，对式 (2.4) 应用傅里叶变换进行谱展开，可得到

$$\Phi(\kappa) = 0.033 C_n^2 \kappa^{-11/3}, \quad 2\pi/L_0 < \kappa \leqslant 2\pi/l_0 \tag{2.9}$$

式中，κ 表示空间波数，单位为 m^{-1}。K 谱表达形式相对简单，便于理论分析与计算处理，因而得到广泛应用。

K 谱可划分为三个不同区域：

$\kappa \leqslant 2\pi/L_0$——输入区域，为各向异性的，性质很难详细描述；

$2\pi/L_0 < \kappa \leqslant 2\pi/l_0$——惯性区域，大气湍流各向同性，可采用特定的物理定律描述；

$\kappa > 2\pi/l_0$——耗散区域，该区域能量耗散量大，能量非常小，$\Phi(\kappa)$ 会迅速下降。

理论上 K 谱仅在惯性区域 $2\pi/L_0 < \kappa \leqslant 2\pi/l_0$ 内有效，其他区域没有实际意义。

2. Tatarskii 功率谱

为解决 K 谱存在的问题，Tatarskii 提出了可用于高波数区域的 Tatarskii 功率谱，该功率谱中引入了一个与湍流内尺度相关的高斯函数形式的衰减因子：

$$\Phi(\kappa) = 0.033 C_n^2 \kappa^{-11/3} \exp\left(-\kappa^2/\kappa_m^2\right), \quad \kappa > 2\pi/L_0 \tag{2.10}$$

式中，$\kappa_m = 5.92/l_0$。一般认为，Tatarskii 功率谱在 $\kappa > 2\pi/L_0$ 区域内有很好的近似性，同时在 $2\pi/L_0 < \kappa < 2\pi/l_0$ 区域内可还原为 K 谱。

3. von Karman 功率谱

当 $\kappa \to 0$ 时，由于 K 谱和 Tatarskii 功率谱在 $\kappa \to 0$ 时存在不可积点，将出现 $\Phi(\kappa) \to \infty$ 的不合理结果。因此，为克服上述缺点，1948 年又提出了 von Karman

功率谱,定义为

$$\Phi(\kappa) = \frac{0.033 C_n^2}{(\kappa^2 + \kappa_0^2)^{11/6}} \exp\left(-\kappa^2/\kappa_m^2\right), \quad 0 \leqslant \kappa \leqslant \infty \tag{2.11}$$

式中,$\kappa_0 = 2\pi/L_0$,$\kappa_m = 5.92/l_0$。von Karman 功率谱全波数区域内均有效,且当 $\kappa_0 = 0$ 时,可化简为 Tatarskii 功率谱,当 $2\pi/L_0 < \kappa < 2\pi/l_0$ 时,又可化简为 K 谱。von Karman 功率谱被广泛用于描述湍流能量输入区域规律的模型。

4. 改进的大气光谱 (M 谱)

目前,光波传输理论相关研究中大多采用表达形式简单的 Tatarskii 功率谱和 von Karman 功率谱,但是严格意义上,二者并没有实际实验结果的验证,不具有实际意义。Andrews 在此基础上又提出了更为精确的 M 谱:

$$\Phi(\kappa) = 0.033 C_n^2 \left[1 + a_1 \left(\frac{\kappa}{\kappa_l}\right) - a_2 \left(\frac{\kappa}{\kappa_l}\right)^{\frac{7}{6}}\right] \frac{\exp(-\kappa^2/\kappa_m^2)}{(\kappa^2 + \kappa_0^2)^{11/6}}, \quad 0 \leqslant \kappa \leqslant \infty \tag{2.12}$$

式中,$\kappa_m = 5.92/l_0$,$\kappa_l = 3.3/l_0$,$a_1 = 1.802$,$a_2 = 0.254$。从公式 (2.12) 可以看出,当取 $a_1=a_2=0$ 时,并用 κ_m 代替 κ_l,则 M 谱可化简为 von Karman 功率谱的形式;进一步当 $\kappa_0 = 0$ 时,M 谱又可化简为 K 谱。

5. non-Kolmogorov 功率谱

对于对流层上层和同温层,采用 K 谱模型描述的大气折射率功率谱与近年来大量实验测量数据存在一定的偏差。针对这一现象,non-Kolmogorov 功率谱模型被提出:

$$\Phi(\kappa, \alpha) = A(\alpha) C_n^2 \kappa^{-\alpha}, \quad \kappa > 0, \; 3 < \alpha < 4 \tag{2.13}$$

$$A(\alpha) = \frac{1}{4\pi} \Gamma(\alpha - 1) \cos\left(\frac{\alpha\pi}{2}\right) \tag{2.14}$$

式中,$\Gamma(x)$ 为伽马函数。当 $\alpha=11/3$ 时,$A(\alpha)=0.033$,式 (2.13) 又可转换为 K 谱。

2.1.4 光强闪烁

当湍流涡旋尺度远小于光束直径时,光束通过湍流介质时其截面上有多个不同尺寸的涡旋对其所对应的子光束进行反射、散射以及衍射,各子光束彼此干涉导致光斑光强在空间和时间上随机起伏,接收端探测光强度时时大时小,即为光强闪烁现象。若采用高斯光束作为发射光束,弱起伏下在接收端距离光斑中心为 r 的接收位置接收,光强 I 的概率密度函数为[55]

$$p_r(I) = \frac{1}{\sqrt{2\pi\sigma_I^2(r,L)}} \frac{1}{I} \exp\left[-\frac{\left(\ln\frac{I}{\langle I(r,L)\rangle} + \frac{\sigma_I^2(r,L)}{2}\right)^2}{2\sigma_I^2(r,L)}\right] \tag{2.15}$$

式中，$\langle I(r,L)\rangle$ 为接收端 r 处光强的平均值；$\sigma_I^2(r,L)$ 为该位置处的闪烁因子。在大气湍流的影响下，接收端 r 处的瞬时光强可以表示为

$$I = I_0 \exp[2X - 2\langle X\rangle] \tag{2.16}$$

其中，X 为光波对数形式的振幅；I_0 为无湍流时接收端理论应该接收到的光强；$\langle\ \rangle$ 表示统计平均。这里可以将 X 看作以 $\langle X\rangle$ 为均值，以 σ_X^2 为方差的服从高斯分布的随机噪声。$\exp[2X - 2\langle X\rangle]$ 相当于在接收端接收光强 I 中引入一个乘性的光强闪烁噪声。并且，光强闪烁方差还与接收端接收装置孔径有关，较大的接收孔径可以更好地降低光强闪烁方差，这就是大孔径对大气湍流的平滑效应。所以，公式 (2.15) 中提到的闪烁指数其实是在假设接收孔径为一个点的情况下，即接收孔径 $D = 0$ 时的结果。事实上，一般情况下接收端的孔径尺度均不为 0，此时的闪烁因子 $\sigma_I^2(D)$ 可以表示为

$$\sigma_I^2(D) = A\sigma_I^2, \quad D = 0 \tag{2.17}$$

式中，A 即为孔径平滑因子。在实际应用中，若 $D \ll (\lambda L)^{1/2}$，则可以近似认为被接收孔径为 0 的点接收，式中 λ 为激光光束波长，L 为链路长度 [56-59]。根据 K 谱，横向闪烁因子可以表示为

$$\sigma_{I,r}^2(r,L) = 2.64\sigma_R^2 \varLambda^{5/66}\left[1 - {}_1F_1\left(-\frac{5}{6};1;\frac{2r^2}{W^2}\right)\right] \tag{2.18}$$

与之对应的纵向闪烁因子可以表示为

$$\sigma_{I,l}^2(L) = 3.86\sigma_R^2 Re\left[i^{5/6}{}_2F_1\left(-\frac{5}{6};\frac{11}{6};\frac{17}{6};\bar{\varTheta}+i\varLambda\right) - \frac{11}{16}\varLambda^{5/6}\right] \tag{2.19}$$

式中，${}_2F_1(a;b;c;x)$ 为超几何高斯函数；σ_R^2 为 Rytov 方差，其为评价湍流强弱的主要参考指标。若光束为平面波，即 $\varTheta = 1, \varLambda = 0$，其纵向闪烁因子可以表示为

$$\sigma_{I,l}^2(L) = \sigma_R^2 = 1.26C_n^2 k^{7/6} L^{11/6} \tag{2.20}$$

对于球面波，即 $\varTheta = 0, \varLambda = 0$，其纵向闪烁因子可以表示为

$$\sigma_{I,l}^2(L) = 0.4\sigma_R^2 = 0.5C_n^2 k^{7/6} L^{11/6} \tag{2.21}$$

这里对公式 (2.21) 进行简化，将球面波闪烁因子表示为 $\beta_0^2 = 0.4\sigma_R^2$，这里 β_0^2 便为球面波的 Rytov 方差。将公式 (2.18) 和 (2.19) 进行合并，则高斯光束在弱起伏条件下的闪烁因子可以表示为

$$\sigma_I^2(L) = 4.42\sigma_R^2 \Lambda^{5/6}\left(\frac{r}{W}\right)^2 + 3.86\sigma_R^2 \mathrm{Re}\left[\mathrm{i}^{5/6}{}_2F_1\left(-\frac{5}{6};\frac{11}{6};\frac{17}{6};\bar{\Theta}+\mathrm{i}\Lambda\right) - \frac{11}{16}\Lambda^{5/6}\right] \tag{2.22}$$

这里横向闪烁因子的表达式与公式 (2.18) 存在一定的差异，是因为进行了近似处理。

2.1.5 光斑漂移

当湍流外尺度大于激光光束尺寸时，湍流对激光光束的影响更多地体现为对光束整体的随机漂移。平面波光斑漂移方差的均值可以表示为[61]

$$\langle \rho_l^2 \rangle = 2.2 C_n^2 l_0^{-1/3} L^3 \tag{2.23}$$

式中，l_0 为湍流内尺度；L 为光束在大气中传播的距离；C_n^2 为链路中的大气折射率结构常数。若光束为高斯光束，且光束经过准直，其漂移方差的均值可以表示为[62]

$$\langle \rho_l^2 \rangle = [(\alpha_1 L)^2 + (1-\alpha_2 L)^2]W_0^2/2 + 2.2 C_n^2 l_0^{-1/3} L^3 \tag{2.24}$$

式中，W_0 为激光光束半径；$\alpha_1 = \lambda/(\pi W_0^2)$，$\alpha_2 = 1/R_0$，其中 λ 为激光光束的波长，R_0 为波前曲率半径。通常情况下，光斑漂移在时间尺度上与横向侧风的风速为同一数量级。若假设湍流大气成各向同性且均匀分布，那么光斑漂移也可以看成各向同性且均匀的，即水平方向和竖直方向的漂移方差相等，且与径向方差也相等，即 $\sigma_x^2 = \sigma_y^2 = \langle \rho_l^2 \rangle$，进而可以得出光斑漂移径向距离的概率密度函数可以表示为[63,64]

$$p(\rho_c) = \int_0^{2\pi} \frac{\rho_c}{\sigma_\rho^2}\exp\left[-\frac{\rho_c^2+\rho_{sl}^2}{2\sigma_\rho^2}\right]\mathrm{I}_0\left(\frac{\rho_c\rho_{sl}}{\sigma_\rho^2}\right) \tag{2.25}$$

式中，$\rho_{sl} = \langle y \rangle \neq 0$ 为 y 轴方向上的光斑漂移平均值，$\mathrm{I}_0(x)$ 为第一个零阶贝塞尔函数。

2.2 激光在大气中传输的特性实验研究

为了研究大气湍流对激光在大气中传输时产生的影响，于 2013 年 7 月至 12 月期间，在长春市市区进行了链路距离为 1km 和 6.2km 的城市链路激光大气传输实验，通过该实验对不同波长激光光束经大气传输后的光强闪烁效应、到达角起伏效应、光斑漂移效应进行了分析。

2.2.1 实验设置

实验链路 1、2 分别如图 2.6(a) 和 (b) 所示，实验的发射端位于吉林省长春市朝阳区长春理工大学科技大厦 A 座 13 楼，发射端高度约 42m。接收端 1 位于长春理工大学东区第二教学楼九楼，距离地面高度为 33m，用 GPS 测得链路 1 长度为 1000m；接收端 2 位于长春市朝阳区一楼房 17 层内，距地面高度约为 51m，用 GPS 测得链路 2 长度为 6200m。链路 2 的接收端位置比发射端位置略高，但链路距离较长，因此实验中光束接近水平传输，仅略微向上倾斜。如图 2.6(a) 所示，链路 1 所经过的地形比较复杂，主要是一些街道和楼房所在的区域，另外还经过一个较大型人工湖泊 (南湖) 及其周围的湿地，复杂的地形会导致大气状态不均匀，给实验测量带来一定的影响。

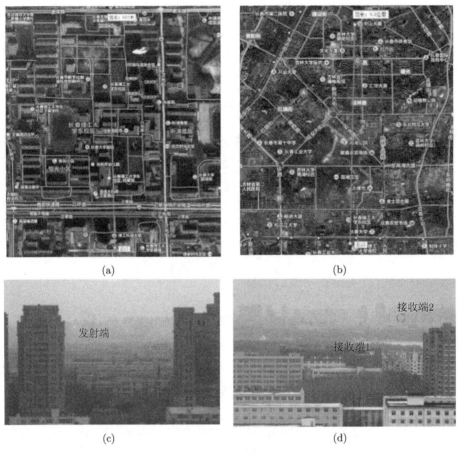

图 2.6 实验链路示意图

图 2.6(c) 为接收端 2 处拍摄的发射端，图 2.6(d) 为发射端处拍摄的接收端 1

2.2 激光在大气中传输的特性实验研究

和接收端 2。图 2.7 为发射端实物图,图 2.8 为接收端实物图。

在发射端,分别采用波长为 532nm、808nm、1064nm 以及 1550nm 的激光器作为光源。激光光束通过发射端光束准直扩束系统扩束后,压缩束散角进入大气信道。光束准直扩束系统下端安置了三维电动调整台,实现对发射端高度、俯仰以及转角的高精度调整。在接收端,采用卡塞–格林反射式望远系统对入射光进行接收并整形为平行光,输出光束通过透镜会聚入射到成像探测器上,计算机通过高速图像采集卡对光斑灰度进行采集,所得的数据通过计算软件进行计算以分析由大气湍流引起的光强闪烁和到达角起伏效应。

光斑漂移实验测量装置如图 2.9 所示。采用高速成像传感器对照射到靶板上的光斑进行成像,实现对光斑质心的测量。测量靶板采用漫反射材料制成。在整个实验过程中,通过便携式气象仪对大气信道的温度、风速、湿度、气压等信息进行测量。

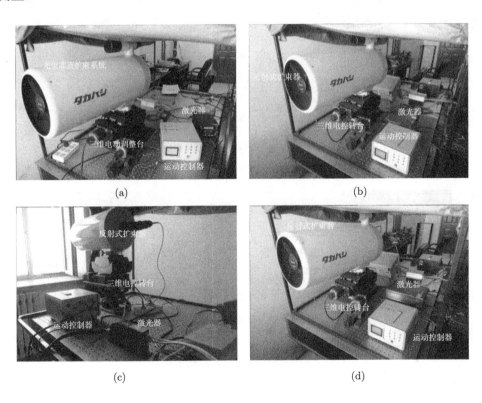

图 2.7 发射端实验装置实物图
(a) 532nm;(b) 808nm;(c) 1064nm;(d) 1550nm

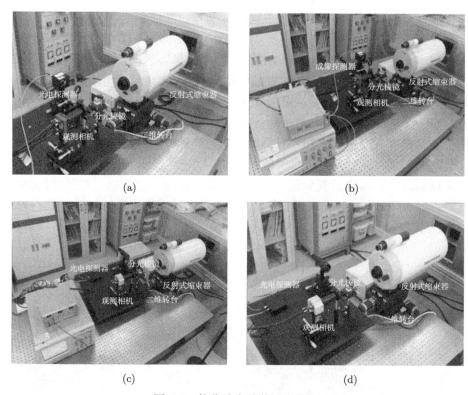

图 2.8　接收端实验装置实物图

(a) 532nm；(b) 808nm；(c) 1064nm；(d) 1550nm

图 2.9　光斑漂移实验测量装置

表 2-2 给出了测试系统的主要参数，为了更方便地进行对比和分析，链路 1 和链路 2 采用相同的设备进行测试。实验测量时，链路 1、2 均为半天观测，测量时间从 8:00 到 21:00，图像采集器件每隔 10 分钟进行一次采集，每次采集 15000 帧图像；误码率每隔一个小时记录一次，气象仪在测量期间全程工作，采集间隔为 1 分钟。下面将从光强闪烁、到达角起伏以及光斑漂移三个方面分析大气湍流对激光

2.2 激光在大气中传输的特性实验研究

光束的影响。

表 2-2 大气传输特性测试系统主要参数

		波长			
		532nm	808nm	1064nm	1550nm
发射	发射口径	210mm			
	发射功率	0~30mW	0~200nW	0~100mW	0~200mW
	束散角	50μrad			
信道	温度	测量范围：−25~+70℃；测量精度：±0.1℃			
	风速	测量范围：0.4~40m/s；测量精度：±0.1m/s			
	湿度	测量范围：5%~95%；测量精度：±3%			
	气压	测量范围：700~110mbar*；测量精度：±1.5mbar			
接收	接收口径	210mm			
	图像传感器	CMOS	CMOS	CCD	CCD
	像元尺寸	14μm	14μm	30μm	30μm
	靶板尺寸	2m×1.5m			

*1bar = 10^5Pa。

2.2.2 光强闪烁

大气湍流导致激光出现光强闪烁，使得接收机收到的光信号强度起伏。实际接收端接收到光强的强度起伏大小受接收孔径尺寸、传输距离、发射光束数目等多种因素影响。下面将分析实验测量结果，对比不同实验条件下的光强起伏数据，分析实际大气湍流对激光传输的影响。

1. 光强闪烁测量原理

测量时，经由缩束器缩束后的光束通过一个直径为 25mm 的透镜，将光束会聚到观测相机的光敏面上。这里的会聚并非是聚焦到相机的光敏面上，而是人为地进行一定程度的离焦，目的是防止光斑能量过强超过探测器的测量动态范围，并且这样做还可以在测量光强闪烁的同时，进行到达角起伏的测量。测量原理如图 2.10 所示。

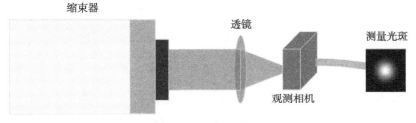

图 2.10 光强闪烁测量原理图

相机连接的计算机以 1800Hz 的采样频率对图像上各像素的灰度值进行采集。以 15000 帧图像作为一个实验样本,每一帧图像上所有像素点的灰度之和可以作为该帧光强的量度,这样一个样本中所有图像的光强即形成一个光强序列,对该序列进一步分析可以得到闪烁指数以及光强起伏概率密度等接收光强的统计性质。公式 (2.26) 为光强闪烁因子计算公式:

$$\beta = \frac{\langle I^2 \rangle - \langle I \rangle^2}{\langle I \rangle^2} \tag{2.26}$$

式中,$\langle \ \rangle$ 表示统计平均;I 表示相机所拍摄图像的灰度值总和。

2. 不同季节闪烁因子随时间的变化趋势

为了研究闪烁因子是否为日变化趋势,在 2013 年 7 月至 2013 年 10 月进行了三个月的测量实验,并选取天气状况良好、能见度较高的实验样本进行研究和分析,时间跨度涵盖夏季、秋季两个季节。实验测量开始于 8:00,结束于 21:00,间隔 10 分钟测量一次,单次测量采集 15000 帧图像进行处理和分析。由于实验天数较多,故选取规律较好的日样本进行对比分析,图 2.11、图 2.12 分别为夏季、秋季闪烁因子多天的日变化规律。

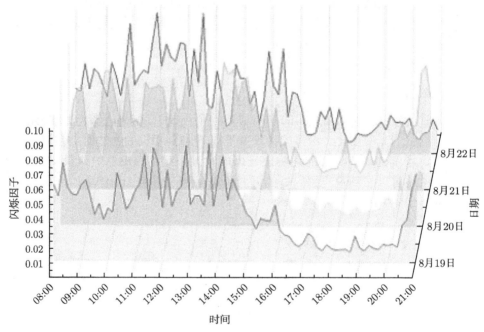

图 2.11 夏季闪烁因子随时间的变化趋势

2.2 激光在大气中传输的特性实验研究

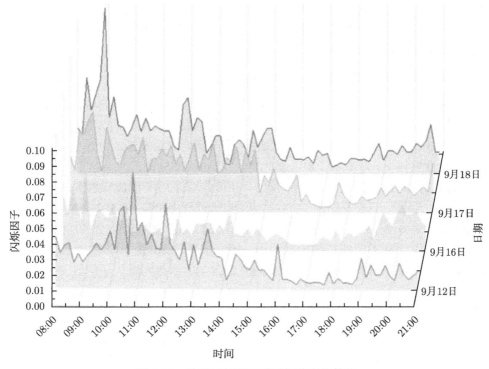

图 2.12 秋季闪烁因子随时间的变化趋势

夏季时,早晨随着太阳的升高,地表附近大气升温较快,地表温度升高较慢,空气与地表之间存在热交换作用,并且随着太阳的升高为增强趋势,湍流效应较明显,闪烁因子随着太阳的升高而增加,在 12:00~13:00 达到一天中的最大值。随着太阳升高到最高点,温度渐渐趋于平稳,温度变化较稳定,此时的大气湍流效应逐步减弱,太阳落山前后 (18:30~19:30) 为一天中最弱的时间段,此时闪烁因子到达一天中的最低值。太阳落山后,大气温度降低较快,地表温度降低较慢,此时热量从地表向大气散发,湍流效应逐渐增强,闪烁因子又逐步增加。图 2.11 中列举了 8 月 19 日、8 月 20 日、8 月 21 日以及 8 月 22 日四天的数据,该四天的天气变化趋势较为一致,天气晴朗,能见度 15km 左右。从图上可以看到,四天的变化趋势基本相同,趋势相似度较高。

秋季时,日出日落后气温变化较快,变化幅度较大,尤其是日出后,气温升高速度非常快,湍流效应在 8:30~9:30 内达到一天中的最强值,闪烁因子的最大值也出现在这个区间内。随着大气温度的升高,温度变化的速度逐步放缓,闪烁因子逐步减小,并且趋近于平稳状态。在日落前 (17:00~18:00) 达到一天中的最小值。日落后,空气温度迅速降低,地表温度下降较慢,此时湍流效应又逐步增强。图 2.12

列举了 9 月 12 日、9 月 16 日、9 月 17 日以及 9 月 18 日四天的数据,该四天的天气变化趋势较为一致,天气晴朗,能见度 16km 左右。从图上可以看到,四天的变化趋势基本相同,趋势相似度较高。

3. 不同波长条件下,闪烁因子的变化

通常认为大气湍流对激光光束传输时的光强闪烁效应的影响与波长有很大的关系。为了研究不同波长激光光束在大气信道传输时受到大气湍流影响的情况,分别于 8 月 14 日前后和 9 月 13 日前后进行了一系列测量实验。

实验设置如下:选取四个波长激光器 (532nm、808nm、1064nm 以及 1550nm) 分别采用相同的准直扩束装置同时发出,在接收端采用不同波长探测器进行同时接收探测。实验从 8:00 开始到 21:00 结束,实验过程中每隔 10 分钟进行一次测量,每次采集 15000 帧图像,采样频率为 1736Hz(532nm、808nm)、1698Hz(1064nm、1550nm) 分别计算不同波长的闪烁因子,绘制成图 2.13(夏季)、图 2.14(秋季) 两图。通过对数据进行分析可以看出,不同波长激光所测得闪烁因子的日变化趋势基本相同,但幅值不同。闪烁因子随着波长的增加而减小。并且,波长越长,稳定性越好。

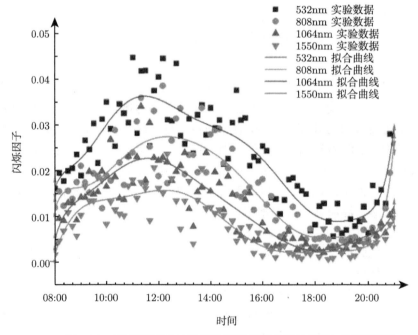

图 2.13 夏季不同波长激光光束闪烁因子变化情况 (后附彩图)

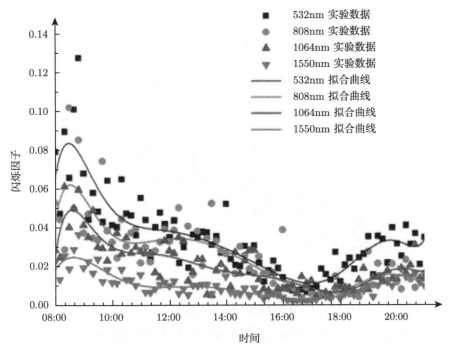

图 2.14　秋季不同波长激光光束闪烁因子变化情况 (后附彩图)

4. 归一化光强起伏方差和 Rytov 方差关系

对光波在湍流大气中的传播特性的研究可以在弱湍流和中到强湍流条件下分别进行。如果用 Kolmogorov 幂率谱模型描述光湍流，对于平面波和球面波，Rytov 方差 σ_R^2 为

$$\sigma_R^2 = 1.23 C_n^2 k^{7/6} L^{11/6} \tag{2.27}$$

式中，C_n^2 为大气折射率结构常数；$k = 2\pi/\lambda$，λ 为光束波长；L 为链路距离；Rytov 方差 σ_R^2 为区分弱湍流和强湍流条件的标准。弱湍流对应 $\sigma_R^2 < 1$，此时 Rytov 方差等于闪烁因子。中到强湍流条件对应的是 $\sigma_R^2 \geqslant 1$，$\sigma_R^2 \to \infty$ 则代表湍流进入饱和区。在弱湍流条件下对 Rytov 方差的准确性进行验证。

采用实验中实测数据绘制图 2.15，选用测得大气折射率结构常数 C_n^2 为 x 轴，y 轴为光强闪烁因子值，图中离散点为一定 C_n^2 值下所测得的光强闪烁因子值。直线为理论上该 C_n^2 条件下的 Rytov 方差值，由实验可知，实验实测闪烁因子值与理论上的 Rytov 方差值基本吻合，这验证了 Rytov 方差在弱起伏条件下的适用性。

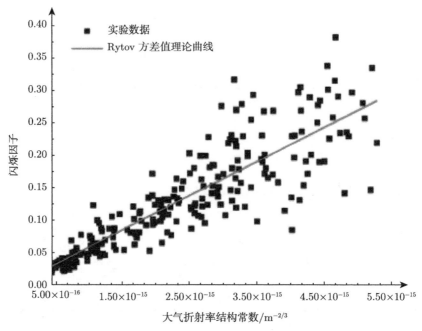

图 2.15 实验测得闪烁因子与 Rytov 方差之间的关系曲线

5. 光强闪烁概率密度函数

本实验从 2013 年 7 月一直持续到 2013 年 10 月,在这三个月的实验测量过程中获得了大量的实验数据,由于数据量比较大,图 2.16 中仅给出一些典型的样本分析结果。受限于相机的动态范围,所选样本中应尽可能少地出现过曝现象,这样才能保证实验样本电压序列能够反映光强起伏的真实情况。

图 2.16 给出了实验中的几个典型样本,由于实验链路较短,所以,该图给出的 8 个样本均为弱起伏情况下测得,并且均为夏季和秋季测得。

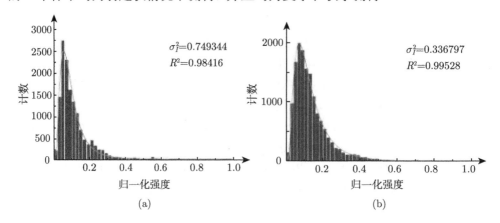

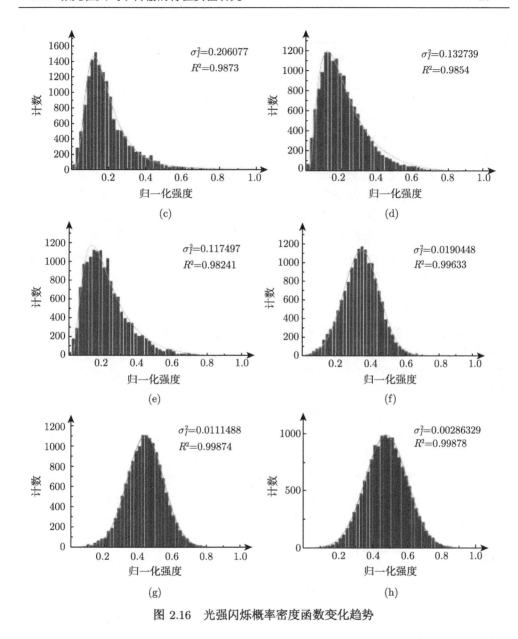

图 2.16 光强闪烁概率密度函数变化趋势

用样本的平均值对样本中的采样灰度值进行归一化处理得到相对光强，将相对光强的取值范围划分为一定数目的等分区间，计算落在每个区间的相对光强个数，所有区间的中心值组成一个序列 $X = (X_1, X_2, \cdots, X_n)$，所有区间中相对光强的个数也组成一个序列 $Y = (Y_1, Y_2, \cdots, Y_n)$，分别以 X 和 Y 作为横纵坐标即可得到该样本的归一化光强直方图。图 2.16 给出了样本的归一化光强直方图，图中的曲线是直方图的正态、对数正态拟合曲线，R^2 是直方图和拟合曲线的相关系数，若用 $Z = (Z_1, Z_2, \cdots, Z_n)$ 表示拟合曲线上与 X 对应的纵坐标序列，则 R 可以表示为

$$R = \frac{\langle YZ \rangle - \langle Y \rangle \langle Z \rangle}{\sqrt{\mathrm{DY} \cdot \mathrm{DZ}}} \tag{2.28}$$

式中，DY 和 DZ 分别是序列 Y 和 Z 的方差。从图中可以看到，直方图与拟合曲线十分吻合，实验数据与拟合曲线的相关系数大部分都在 0.985 以上，图 2.16(a)~(e) 采用对数正态分布进行拟合。图 2.16(f)~(h) 采用正态分布进行拟合，可见当光强闪烁指数比较大时，光强闪烁服从对数正态分布，当光强闪烁指数较小时，光强闪烁服从正态分布。光强闪烁指数在 0.1~0.2 附近为指数正态和正态分布的交界区间，在这个区间附近，光强闪烁概率密度函数的相关系数较低，为 0.988 左右。当闪烁因子大于该区间或者小于该区间时，相关系数均在 0.995 以上。这说明光强闪烁概率密度函数能很好地对光强闪烁的强度分布进行拟合和描述。

6. 光强闪烁功率谱密度

同样的，由于测量数据量较大，只选取较典型的实验数据进行说明。一般认为光强起伏功率谱的变化规律为低频部分的幅值较高，高频部分的幅值较低，且高频部分随着频率的升高呈幂指数趋势下降，其幂率为 $-8/3$。但是一些对高斯光束光强起伏功率谱的研究给出了不同于 $-8/3$ 幂率的结果，一些文献分别给出了功率谱服从 $-11/3$、$-14/3$ 和 $-17/3$ 等幂率的研究结果。

通过图 2.17，可知光强起伏功率谱服从的规律为低频部分的幅值较高，高频部分的幅值较低，而且高频部分幂指数呈下降趋势，这些与以往的研究结果是相符合的。并且，可以发现，功率谱密度函数的高频段频谱密度并非完全呈 $-8/3$ 幂率。通过对光强闪烁长期的测量发现，大部分频谱的高频段呈现幂率特征，但幂率往往和 $-8/3$ 不符。其幂率在 $-12/3 \sim -7/3$ 波动。并且，不同的天气条件下，高频段与缓冲区的分界点也不尽相同。通常将高频段与缓冲区的幂率区间分界点定义为特征频率 f_0

$$f_0 = \frac{\sqrt{v^2 + 2\sigma_v^2}}{\sqrt{\lambda L}} \tag{2.29}$$

式中，σ_v^2 为风速的起伏方差。可见，特征频率 f_0 由链路的长度波长等决定。风速的起伏并不显著改变频谱，只是略微提高了特征频率。为了进一步对光强起伏功率谱幂率进行研究，对更多的实验样本进行了分析。结果均表示光强起伏频谱的低频段幂指数依然为常数，高频段依然在一定的幂率范围内波动。这里需要提及的是，很多文献中均指出了高斯光束经过大气传输后接收光强起伏功率谱幂指数不固定的实验结果，但总体来说，本实验测得的功率谱幂指数低于其他文献中给出的实验结果。

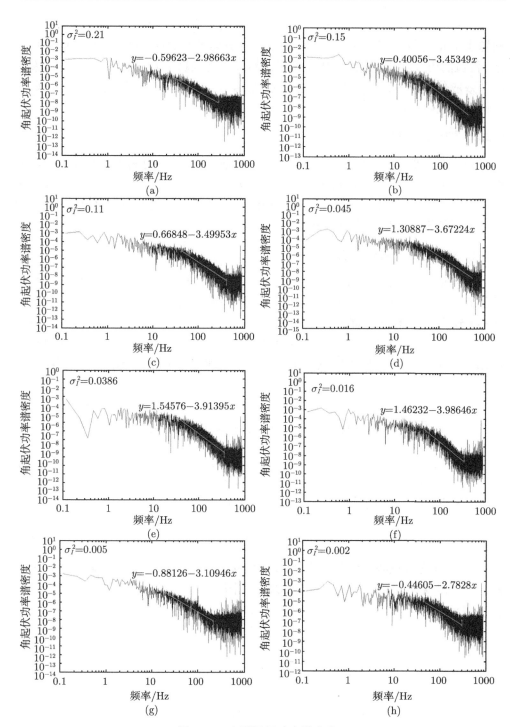

图 2.17 光强闪烁功率谱密度

事实上，到目前为止，湍流的本质还没有确切的答案，因此湍流导致的光传播问题也极其复杂，光束参数、Kolmogorov 湍流谱的有效性、链路中风速的不均匀性、湍流的内尺度和外尺度等因素都可能对接收光强功率谱产生影响，这些因素的综合效应使得功率谱高频幂率问题十分复杂，因此在该问题上还需要进行长期的理论和实验研究。

2.2.3 到达角起伏

光束在真空传输，光波具有相位均匀的波前，在接收望远镜的焦平面上成衍射像，其位置保持不变。到达角起伏是光束在大气湍流中传播时，由于光束截面内不同部分的大气折射率随机起伏，光束波前的不同部分发生随机变化的相移，波前的等相位面的形状随机起伏的现象。

1. 到达角起伏测量原理

当光束直径跟湍流尺度相差不大时，大气湍流产生空间相位畸变使入射波前总体倾斜，引起接收面内光斑质心随机起伏，即到达角起伏效应。若光波到达角足够小，到达角 α 的定义如下：

$$\alpha = \Delta S/(k\rho) \tag{2.30}$$

式中，ρ 为两点间观测距离，ΔS 为相位差，波数 $k = 2\pi/\lambda$，则到达角起伏方差 σ_α^2 为

$$\sigma_\alpha^2 = \langle \alpha^2 \rangle = \langle \Delta S^2 \rangle/(k\rho)^2 = D_S(\rho,\xi)/(k\rho)^2 \tag{2.31}$$

若观测距离在湍流惯性区内，则相位结构函数 $D_S(\rho,\xi)$ 为

$$D_S(\rho,\xi) = 2.91 k^2 \rho^{5/3} \times \int_0^L C_n^2 \left[1 - 0.80480 \left(\rho/L_0\right)^{1/3}\right] \mathrm{d}\xi, \quad l_0 < \rho < L_0 \tag{2.32}$$

实验时利用相机测量到达角 α 的公式如下：

$$\alpha = (\Delta_x \times p)/f \tag{2.33}$$

式中，Δ_x 为光斑重心的位置变化量；p 为像元大小；f 为接收透镜至相机之间的焦距。图 2.18 为实验测量到达角起伏原理示意图。

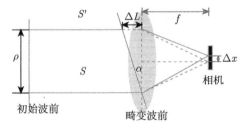

图 2.18 到达角起伏方差测量原理

2. 不同季节到达角起伏方差随着时间的变化趋势

在 2013 年 7 月到 2013 年 12 月期间, 在距离为 893m 的链路 1 上进行了为期 5 个月的实验测量过程中, 实验所用激光波长为 532nm、808nm、1064nm 以及 1550nm。测量时间为每天 8:00 至 21:00, 测量间隔为 10 分钟, 每次测量采集 15000 帧的光斑灰度图像。利用图像处理软件以及数据处理与分析计算机计算每帧图像的到达角 α 以及由公式 (2.31) 计算每个测量样本的到达角起伏方差 σ_α^2。由于实验周期较长, 数据量大, 故选取每个季节气象条件良好且变化趋势比较典型的样本进行说明与分析。

夏季时, 如图 2.19 所示, 早晨 8:00, 到达角起伏方差 (AOA 方差)σ_α^2 较小, 但呈增大趋势, 这主要是由于夏季昼夜温差较小, 温度梯度 C_T 变化较小, 故大气湍流效应不显著。但随着太阳升高, 大气温度上升较快, 地表温度上升较慢, 温度梯度 C_T, 即大气温度变化较大, 大气湍流效应显著, 使得光束波前抖动较大, 到达角起伏方差 σ_α^2 有明显的上升趋势。到达角起伏方差 σ_α^2 持续上升, 并且在 9:30~10:30 出现一天中的最大值。从 11:00~16:00 到达角起伏方差 σ_α^2 呈下降趋势, 这主要是由于大气温度变化趋于平稳, 温度梯度 C_T 变化趋势变得平缓, 故大气湍流效应减弱, 使得光束波前抖动减弱, 到达角起伏方差 σ_α^2 呈下降趋势。16:00~19:30 时, 由于温度梯度 C_T 没有明显的变化, 故到达角起伏方差 σ_α^2 都处于平稳状态, 并在该区间取到一天中的最小值。19:30 以后随着太阳降落, 大气温度下降较快, 地表温度下降较慢, 大气与地表之间的温度差增大, 使得温度梯度 C_T 增加, 大气湍流效应增强, 光束波前抖动变大, 导致到达角起伏方差 σ_α^2 呈现上升趋势。由于每天天气、风速不同, 每天的数据有所差异, 但是数据的变化趋势保持一致。

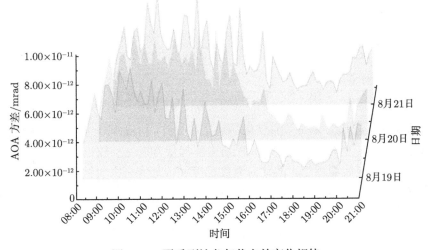

图 2.19　夏季到达角起伏方差变化规律

图 2.20 为秋季典型到达角起伏发差 σ_α^2 的日变化趋势，图中所示为测量过程中比较典型的三天测量数据。由图可知，从 8:00~9:00，到达角起伏方差 σ_α^2 的值较大且呈增大趋势。由于长春秋季昼夜温差较大，故 8:00 前后，随着太阳升起，大气温度升高而地表温度较低，温度梯度 C_T 值增大，到达角起伏方差 σ_α^2 增大，并且一天中的最大值出现在 8:30~9:30。上午 9:30 以后，由于地表温度逐渐升高，大气与地表温度差减小，温度梯度 C_T 的值逐渐减小，光束波前抖动减小，到达角起伏方差 σ_α^2 的变化总体呈现减小趋势，16:00~19:00 时，到达角起伏方差处于平稳状态，并且出现一天中的最小值。在 19:00 以后，由于太阳落山，大气温度下降较快，而地表温度下降较慢，大气与地表之间的温度差增大，大气温度梯度增大，故大气湍流效果显著增强，导致光束波前抖动严重，到达角起伏方差 σ_α^2 呈现上升趋势。由于每天天气、风速不同，故单日数据有所差异，但是到达角起伏方差的变化趋势是一致的。

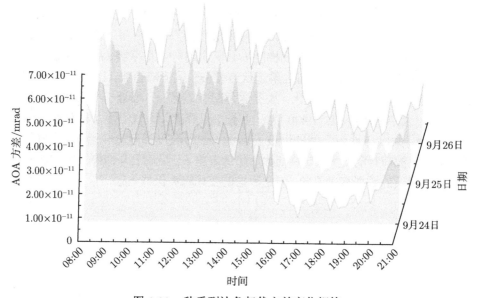

图 2.20　秋季到达角起伏方差变化规律

冬季到达角起伏方差 σ_α^2 的变化趋势 (图 2.21) 与夏季趋近，由于冬季长春地区日出时间较晚，所以，早晨 8:00 时到达角起伏方差 σ_α^2 较小，虽然此时太阳已经升起，但由于夜晚温度低，故此时温度梯度 C_T 较小，大气湍流效应较弱，到达角起伏方差较小。8:00~10:00，随着日照时间的增长，大气温度上升较快，而地表温度上升较慢，温度梯度 C_T 值呈增大趋势，即大气湍流效应逐渐明显，使到达角起伏方差呈增大趋势，在 10:00~11:30 时段内出现一天中的最大值。从 11:30 开始，由于地表温度逐渐升高，温度梯度逐渐降低，到达角起伏方差呈下降趋势。15:30~

17:30 时，随着大气温度和地表温度逐渐稳定，温度梯度 C_T 趋于稳定，故到达角起伏方差 σ_α^2 呈平稳状态，并在 13:00~16:00 内出现一天中的最小值。16:00~21:00 时，由于太阳落山，大气温度下降较快，地表温度下降较慢，温度梯度逐渐升高，光束波前抖动严重，到达角起伏方差 σ_α^2 又呈现出增大趋势。由于每天天气、风速不同，每天的数据有所差异，但是到达角起伏方差的变化趋势是一致的。基本上可以看到，冬季的日变化趋势与夏季相比是比较接近的，不同点主要是，日出和日落的延后与提前造成变化趋势拐点的延后与提前，并且，由于冬季温度较低，所以到达角起伏方差 σ_α^2 整体值较小。

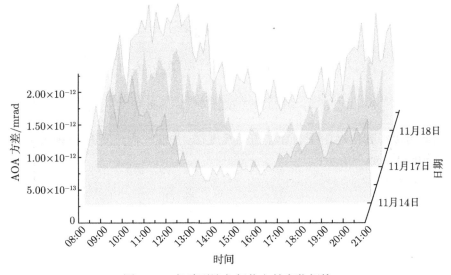

图 2.21 冬季到达角起伏方差变化规律

3. 不同波长条件下到达角起伏方差变化

采用变形的 von Karman 功率谱从相位结构函数着手分析到达角起伏方差。变形的 von Karman 功率谱为

$$\Phi_n(K) = 0.033 C_n^2 \left(K^2 + K_0^2\right)^{-11/6} \exp\left(-\frac{K^2}{K_m^2}\right) \tag{2.34}$$

式中，C_n^2 为大气折射率结构常数，用来描述大气湍流强度；K 为空间波数，单位为 m^{-1}；$K_0 = 1/L_0$，L_0 为湍流外尺度；$K_m = 5.92/l_0$，l_0 为湍流内尺度。

大气折射率结构常数定义式为

$$C_n^2 = \frac{2 \times 10^{-3} Q^{4/3} h^{-4/3}}{\left[1 + \dfrac{14000 u^3}{hQ}\right]^{2/3}} \tag{2.35}$$

式中，h 为高度，单位为 m；$Q = Q_0 \sin\theta_E - 50$ 为上升对流的热通量，单位为

W/m², 其值与入射到地面的阳光、风速和地面自身的性质有关, θ_E 为太阳角; $u = 0.35h|\delta v/\delta h|$, 单位为 m/s, v 为风速。

由此可得相位结构函数为

$$D(\rho,z) = 8\pi^2 k^2 \int_0^\infty \mathrm{d}z \int_0^\infty [1 - \mathrm{J}_0(K,\rho)]\Phi_n(K)K\mathrm{d}K \tag{2.36}$$

式中, $\mathrm{J}_0(x)$ 为零级贝塞尔函数; 在此, 将 $\Phi_n(K)$[4] 记为 $\Phi_n(K) = \Phi_{n0}(K) - \Phi_1(K,L_0) - \Phi_2(K,L_0,l_0)$, 其中 $\Phi_{n0}(K)$ 与 L_0 和 l_0 值的大小无关, 此时为 K 谱, Φ_1 为 L_0 的影响, Φ_2 为 l_0 的影响, 即

$$\Phi_{n0}(K) = 0.033 C_n^2 K^{-11/3} \tag{2.37}$$

$$\Phi_1(K,L_0) = 0.033 C_n^2 \left[K^{-11/3} - \left(K^2 + K_0^2\right)^{-11/6}\right] \tag{2.38}$$

$$\Phi_2(K,L_0,l_0) = 0.033 C_n^2 K^{-11/3} \left[1 - \exp\left(-\frac{K^2}{K_m^2}\right)\right] \tag{2.39}$$

由此可以得到接收孔径 ρ 和湍流外尺度 L_0 与湍流内尺度 l_0 三种大小关系的相位结构函数, 如下所示:

当 $\rho < l_0$ 时

$$D(\rho,\xi) = 3.28 k^2 \rho^2 \int_0^L \frac{C_n^2}{l_0^{1/3}} \mathrm{d}\xi \tag{2.40}$$

当 $l_0 \leqslant \rho < L_0$ 时

$$D(\rho,\xi) = 2.91 k^2 \rho^{5/3} \int_0^L C_n^2 \left[1 - 0.8048\left(\frac{\rho}{L_0}\right)^{1/3}\right]\mathrm{d}\xi \tag{2.41}$$

当 $\rho \geqslant L_0$ 时

$$D(\rho,\xi) = 1.563 k^2 \rho^{5/3} \int_0^L C_n^2 \left(\frac{1}{L_0}\right)^{5/3} \mathrm{d}\xi \tag{2.42}$$

式中, L 为传输的距离。

由于到达角起伏方差的大小与相位结构函数存在一定的几何关系, 所以, 从以上三种接收孔径或观测点间距离 ρ 与湍流外尺度 L_0 和湍流内尺度 l_0 间的三种关系来推导到达角起伏方差的公式。

当 $\rho < l_0$ 时, 将式 (2.30) 代入式 (2.31) 中可得

$$\sigma_\alpha^2 = \langle \alpha^2 \rangle = 3.28 \int_0^L \frac{C_n^2}{l_0^{1/3}} \mathrm{d}\xi \tag{2.43}$$

当 $l_0 \leqslant \rho < L_0$ 时,将式 (2.43) 代入式 (2.31) 中可得

$$\sigma_\alpha^2 = \langle \alpha^2 \rangle = 2.91\rho^{-1/3} \int_0^L C_n^2 \left[1 - 0.8048\left(\frac{\rho}{L_0}\right)^{1/3}\right] \mathrm{d}\xi \qquad (2.44)$$

当 $\rho \geqslant L_0$ 时,将式 (2.44) 代入式 (2.31) 中可得

$$\sigma_\alpha^2 = \langle \alpha^2 \rangle = 1.563\rho^{-1/3} \int_0^L C_n^2 \left(\frac{1}{L_0}\right)^{5/3} \mathrm{d}\xi \qquad (2.45)$$

综上可知,距离为 ρ 的两点间的到达角 α 由相位差 ΔS 及距离决定,与波长大小无关,故到达角起伏方差也与波长大小无关。

为了研究不同波长条件下到达角起伏方差 σ_α^2 的区别,于 8 月 15 日前后进行了一系列测量实验,实验设置如下: 选取 4 个波长激光器 (532nm、808nm、1064nm 以及 1550nm) 分别采用相同的准直扩束装置同时发出,在接收端采用不同波长探测器进行同时接收探测。实验从 8:00 开始到 21:00 结束,实验过程中每隔 10 分钟进行一次测量,每次采集 15000 帧图像,采样频率为 1736Hz(532nm、808nm)、1698Hz(1064nm、1550nm) 分别计算不同波长的闪烁因子,绘制成图 2.22(夏季)。

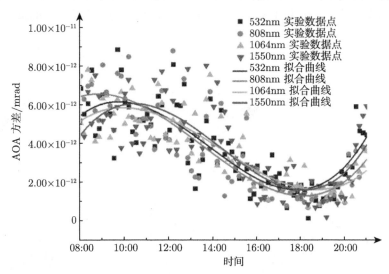

图 2.22 夏季不同波长到达角起伏方差对比 (后附彩图)

通过图 2.22 不同波长的对比图可以看出,不同波长的激光光束所测得的到达角起伏方差基本相同,并且具有相同的趋势。这表明到达角起伏方差的大小与波长的大小无关,并与理论叙述中计算的到达角起伏方差的公式,即式 (2.43)~式 (2.45) 相一致。

4. 到达角起伏功率谱密度函数

由于到达角起伏是一个随机过程，因而必须用统计量描述。功率谱密度是描述到达角起伏在频域内起伏特性的物理量，理论研究表明，到达角的功率谱密度可以分为低频和高频两个部分，低频部分服从 $-2/3$ 幂指数规律变化，高频部分按 $-11/3$ 幂指数规律变化，即到达角的功率谱密度可表示为

$$W(f) \propto \begin{cases} f^{-\frac{2}{3}}, & f \leqslant f_0 \\ f^{-\frac{11}{3}}, & f > f_0 \end{cases} \tag{2.46}$$

式中，f_0 为特征频率。

图 2.23 为 x 轴 (水平方向) 到达角起伏功率谱密度函数。图 2.24 为 y 轴 (竖直方向) 到达角起伏功率谱密度函数。从图中可以得出，高频段的幂率在 $-10/3 \sim -13/3$ 变化，低频段幂率在 $-1/3 \sim -6/3$ 变化。可见，无论水平方向还是竖直方向，到达角起伏的功率谱密度函数幂率的规律为：低频段围绕 $-2/3$ 幂率上下波动，高频段围绕 $-11/3$ 幂率上下波动。这与理论比较相符，与前人的实验结果基本相同。并且，不同的天气条件下对到达角起伏功率谱的影响主要体现为对特征频率的影响，不同的天气条件会使特征频率在一定范围内变化，并不会改变功率谱的幂率特征。

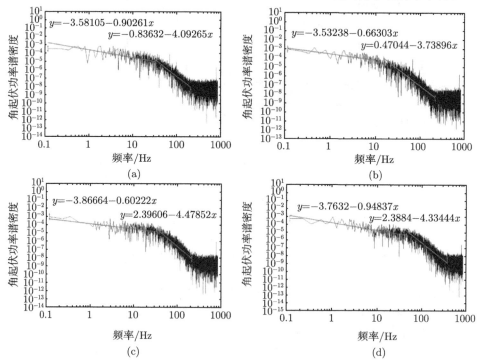

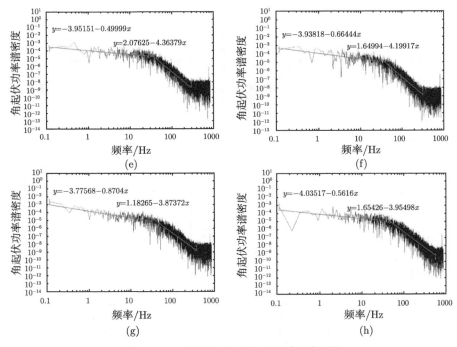

图 2.23 x 轴到达角起伏功率谱密度函数

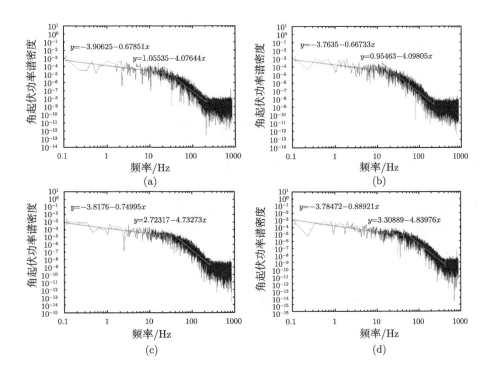

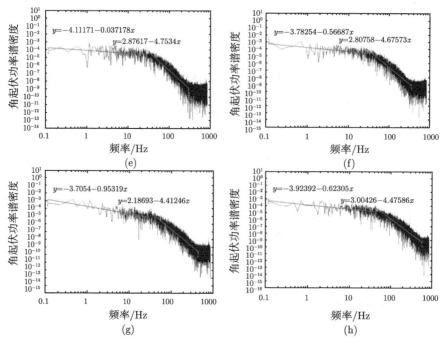

图 2.24 y 轴到达角起伏功率谱密度函数

2.2.4 光斑漂移

1. 光斑漂移测量原理

光斑漂移反映了光斑空间位置的时间变化。光斑漂移对激光在大气中的工程应用,如光学跟踪系统,具有重要的影响。对光斑漂移的测量方法为,采用大的漫反射幕布来接收光斑,在幕布对面放置一相机对幕布成像,通过对图像的处理来获得光斑的漂移量,实现对光斑漂移的测量。测量装置如图 2.9 所示,并已在 2.2.1 节中对测量原理进行了介绍,这里不再进行赘述。由于对光斑漂移的测量本质为对光斑的二次成像,这不可避免地会引入杂散光的影响。所以,为了尽可能地降低杂散光对测量结果的影响,并兼顾全天测量,实验时,会使屋内的亮度尽可能低。并且,在相机的光敏面前会添加一个对应波长的窄带滤光片用于滤掉其他光束对测量结果的影响。

光斑漂移通常以光斑的质心位置的变化来描述,光斑的质心定义为

$$\rho_c = \frac{\iint \rho I(\rho)\,\mathrm{d}\rho}{\iint I(\rho)\,\mathrm{d}\rho} \tag{2.47}$$

即

$$x_c = \frac{\iint xI(x,y)\,\mathrm{d}x\mathrm{d}y}{\iint I(x,y)\,\mathrm{d}x\mathrm{d}y} \tag{2.48}$$

$$y_c = \frac{\iint yI(x,y)\,\mathrm{d}x\mathrm{d}y}{\iint I(x,y)\,\mathrm{d}x\mathrm{d}y} \tag{2.49}$$

质心的漂移方差为

$$\sigma_\rho^2 = \langle \rho_c^2 \rangle = \iint\iint (\rho_1 \cdot \rho_2) I(\rho_1) I(\rho_2) \mathrm{d}\rho_1 \mathrm{d}\rho_2 \Big/ \left[\iint I(\rho)\mathrm{d}\rho\right]^2 \tag{2.50}$$

如果光斑质心在水平方向和竖直方向的漂移均方差分别为 σ_x 和 σ_y，则在水平方向和竖直方向的漂移运动统计独立的假设下，光斑质心的总漂移方差为

$$\sigma_\rho^2 = \sigma_x^2 + \sigma_y^2 \tag{2.51}$$

2. 光斑漂移方差随着时间的变化趋势

为了研究光斑漂移日变化趋势，于 2013 年 10 月至 2013 年 11 月进行了为期一个月的测量实验。在整个实验过程中多选取天气状况良好，能见度较高的实验样本进行研究和分析，季节为冬季。实验测量开始于 8:00，结束于 21:00，每隔 10 分钟测量一次，单次测量采集 15000 帧灰度图像进行处理和分析。由于实验天数较多，故选取规律较好的日样本进行对比分析，图 2.25 为 10 月 17 日至 10 月 20 日光斑漂移方差日变化趋势。光斑漂移实验进行的时间在 10 月和 11 月之间，属于秋季。故其变化趋势受日出日落影响较大，这主要是由于日出日落后气温变化较快，变化幅度较大，尤其是日出后，气温升高速度非常快，湍流效应在 8:30~9:30 时间段内达到一天中的最强值，光斑漂移方差的最大值也出现在这个区间内。随着大气温度的升高，温度变化的速度逐步放缓，光斑漂移方差逐步减小，并且趋近于平稳状态。在日落前 (17:00~18:00) 达到一天中的最小值。日落后，空气温度迅速降低，地表温度下降较慢，此时湍流效应又逐步增强。图 2.25 列举了 10 月 17 日至 10 月 20 日四天的数据，该四天的天气变化趋势较为一致，天气晴朗，能见度 16km 左右。从图上可以看到，四天的变化趋势基本相同，趋势相似度较高。

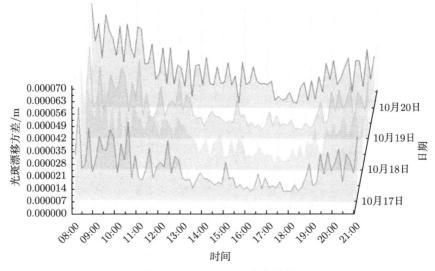

图 2.25 漂移方差日变化趋势

光斑漂移源于折射率梯度变化，在近地面附近，水平方向上一般只存在随机变化，而在竖直方向上除随机变化外，还存在系统的梯度变化 (由空气密度的高度分布造成的)，因而造成水平方向和竖直方向的漂移幅度并不相同。为了对光斑漂移的水平 (x 轴) 分量和竖直 (y 轴) 分量进行研究，进行了多次实验。图 2.26 为 2013

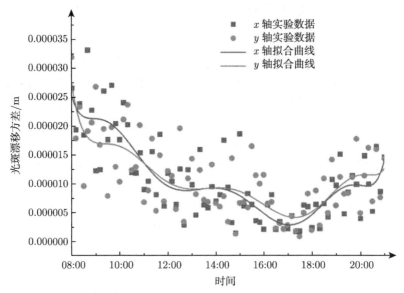

图 2.26 x 轴和 y 轴归一化漂移方差对比 (后附彩图)

2.2 激光在大气中传输的特性实验研究

年 10 月 23 日 8:00~21:00 期间光斑漂移水平方向归一化方差与竖直方向归一化方差的对比图。

可见光斑漂移在水平方向的归一化方差与竖直方向的归一化方差日变化趋势基本相同,并不存在明显的水平方向大于竖直方向或者竖直方向大于水平方向的现象。基本上均是围绕一条共同的趋势线上下浮动变化。并且,在随后的长期实验中均证明了这一规律。

3. 不同波长条件下,光斑漂移方差变化

对于从 $z=0$ 到 $z=L$ 的传播,传播路径上 z 处的湍流造成的倾斜导致光束在 $z=L$ 的平面内漂移,其大小为倾斜角乘以 $(L-z)$,因此在到达角起伏方差公式中基本项乘以 $(L-z)$ 因子,并采用 Z 倾斜孔径滤波函数即可得到 $(L-z)$ 接收面内的漂移方差

$$\sigma_\rho^2 = (2\pi)^2 \int_0^L (L-z) \mathrm{d}z \int_0^\infty (\gamma\kappa)^2 \cos^2\left[P(\gamma,\kappa,z)\right] \Phi_n(\kappa)\kappa \left[\frac{4\mathrm{J}_2(\kappa D/2)}{\kappa D/2}\right]^2 \mathrm{d}\kappa \tag{2.52}$$

对于平面波或准直光束在 Kolmogorov 湍流中传播,则有

$$\sigma_\rho^2 = 6.08 D^{-1/3} \left[L^2 \int_0^L C_n^2(z)\mathrm{d}z - 2L \int_0^L C_n^2(z)z\mathrm{d}z + \int_0^L C_n^2(z)z^2\mathrm{d}z\right] \tag{2.53}$$

若传播路径上湍流强度均匀,则

$$\sigma_\rho^2 = 2.03 C_n^2 D^{-1/3} L^3 \tag{2.54}$$

由公式 (2.53) 可知,光斑漂移方差由大气折射率结构常数 C_n^2、口径 D 及距离决定,与波长大小无关,故光斑漂移也与波长大小无关。进一步的,为了研究不同波长条件下到达角起伏方差 σ_ρ^2 的区别,分别于 11 月 22 日前后进行了一系列测量实验,实验设置如下:四个波长激光器 (532nm、808nm、1064nm 以及 1550nm) 分别采用相同的准直扩束装置同时发出,在接收端采用不同波长探测器进行同时接收探测。实验从 8:00 开始到 21:00 结束,实验过程中每隔 10 分钟进行一次测量,每次采集 15000 帧图像,采样频率为 1736Hz(532nm、808nm)、1698Hz(1064nm、1550nm),分别计算不同波长的到达角起伏方差,绘制成图 2.27。

通过图 2.27 不同波长的对比可以看到,不同波长的激光光束所测得的光斑漂移方差基本相同,并且具有相同的趋势。这表明光斑漂移的大小与波长的大小无关,并与理论叙述中计算得到的光斑漂移方差相一致。

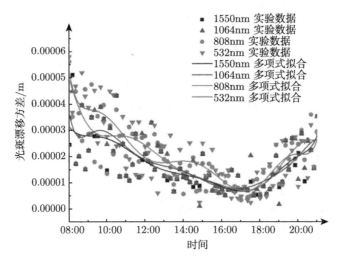

图 2.27 不同波长光斑漂移方差日变化趋势对比图 (后附彩图)

4. 光斑漂移概率密度函数

由于光斑漂移同样为一个随机变化的过程，所以采用概率密度函数对其变化特性进行分析。与光强闪烁和到达角起伏不同，无论是 x 向、y 向还是径向漂移，其概率密度均不具有非常明显的分布特征。

图 2.28 所示为一般情况下的概率密度函数分布图，可以看出虽然其概率密度分布仍然具有很明显的中间区域分布多，两边分布少的特点，但无法用常用的函数对其进行拟合。实际上通过大量的测量实验，发现光斑漂移的概率密度函数变化随时间、温度以及湿度等参数的变化很大。不同条件下的概率密度函数不尽相同。只有少数时间会出现概率密度分布非常有规律的情况，并且服从高斯分布。图 2.29 为典型的高斯分布光斑漂移概率密度函数图。

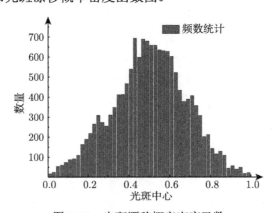

图 2.28 光斑漂移概率密度函数

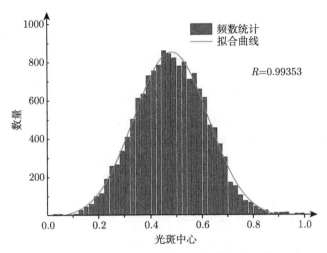

图 2.29 高斯分布光斑漂移概率密度函数

5. 光斑漂移功率谱密度函数

光斑漂移频谱在 1000Hz 范围内都有非常明显的变化。图 2.30 为典型的光斑漂移功率谱密度函数曲线。

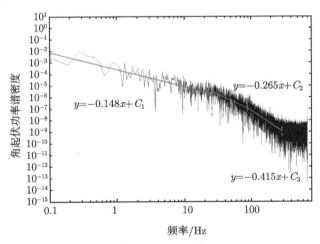

图 2.30 光斑漂移功率谱密度函数

它可以由三段幂率曲线描述：第一条位于 30Hz 以下,幂率约为 -1.48(这基本上符合频率反比关系,如果采用低采样频率的采集图像进行分析,则只能观察到这个频率区间的情况);第二条位于 30~90Hz, 幂率约为 -2.65; 第三条位于 90Hz 以上,幂率约为 -4.15。分三段描述光斑漂移功率谱密度虽然直观,但这只是一种人为的做法,并非意味着光斑漂移功率谱密度确实存在三个截然不同的区域。由湍流谱密度的形式，可以推测漂移密度在高频部分可能具有某种指数下降趋势。

2.3 本章小结

本章在国内外研究的基础上对高斯光束在大气湍流中传输时，受湍流影响情况进行了研究。分别针对大气湍流对激光光束造成的光强闪烁、到达角起伏以及光斑漂移等现象进行了详尽的理论分析，给出了激光光束在湍流大气中传输时，闪烁因子、到达角起伏方差以及漂移方差的计算公式。给出了光强闪烁、到达角起伏以及光斑漂移的概率密度函数，并在理论研究的基础上进行了距离为 1km 和 6.2km 的城市链路大气传输特性实验，针对高斯光束在大气湍流介质中传播时的光强闪烁、到达角起伏以及光斑漂移效应进行了长期的实验观测与分析研究。通过实验，给出了光强闪烁、到达角起伏以及光斑漂移效应的日变化规律、季节变化规律、不同光束波长条件下的波长变化规律，光束经过湍流大气传播后的闪烁因子、到达角起伏方差、光斑漂移方差等参数。并且对光强闪烁、到达角起伏以及光斑漂移效应进行了功率谱分析及概率密度分析，分别给出了光强闪烁、到达角起伏以及光斑漂移效应的功率谱变化规律及概率密度变化规律。

第3章 大气对激光通信系统性能的影响

3.1 大气对激光通信系统性能影响的基本理论

大气湍流和背景噪声是制约大气激光通信系统性能的主要因素。由大气运动形成的大气湍流引起大气光学折射率出现随机起伏，造成在其中传播的激光出现光强闪烁、光斑漂移、到达角起伏、相位起伏、光束扩展等现象，使得接收光信号受到严重干扰，通信误码率上升，甚至出现短时间通信中断，严重影响了大气激光通信的稳定性和可靠性。在大气激光通信系统中，精密的捕获、对准和跟踪 (APT) 技术是一项世界性的难题，跟踪探测器上的光斑能量控制是 APT 系统中的关键技术之一。同样的，大气湍流和背景噪声也对 APT 造成很严重的影响，大大降低了对准精度，增加了对准时间，降低了系统工作的稳定性。并且，通常跟踪系统探测器均采用 CCD(能量积分型器件)，因此频域降噪技术对其已无能为力，在对光谱进行降噪时 (采用窄带滤光片) 也存在着激光温漂问题。因此，研究大气湍流对激光通信系统性能的影响方式对大气激光通信系统设计和性能优化有着非常重要的意义和价值。针对这一情况，国内外学者开展了一些长期系统的研究。首先，对数分布、对数正态分布、指数分布、K 分布以及 gamma-gamma 分布等大气信道模型被学者们提出。并且，围绕着这些大气信道模型，研究人员对大气湍流对激光通信系统性能的影响情况进行了研究。Kiasaleh 采用 K 分布作为信道模型，对采用 DPSK 调制方式的大气激光通信系统性能进行了分析研究[65]。Popoola 等采用指数分布大气信道模型对大气激光通信系统性能进行了分析研究[66]。近年来 gamma-gamma 分布模型由于其与真实大气信道相比具有很好的一致性而有着广泛的应用[67]，Uysal 等以 gamma-gamma 分布模型作为大气信道模型分析了大气湍流对激光通信系统误码率的影响[68]。Bayaki 等对无编码激光通信系统的误码率进行了分析[69]。Gappmair 等对 PPM 调制的激光通信系统误码率进行了分析[70]。Nistazakis 等对激光通信系统的平均信道容量和中断概率等参数进行了研究，并导出了相关的表达式[71,72]。

3.1.1 OOK 调制误码率分析

强度直接调制为目前激光通信系统采用最多的通信调制方式，即 IM/DD 系统，其中最常用且可靠的调制方式为开关键控 (on-off keying, OOK) 调制。OOK 调制激光通信系统工作时，发射端在一个比特范围内发送一个激光脉冲，该激光脉冲便表示二进制"1";若在该比特范围内不发送光脉冲则表示二进制"0"。接收端系统接收信号时,首先对信号进行阈值判断,即设定一个判定的阈值,若该比特时间内,光电探测器输出信号电压高于该值,则判定该二进制信息为"1",若该比特时间内,光电探测器输出的信号低于该值,则判定该信息为"0"。若通过上述处理得到的接收信息与发射信息不符,便会产生误码。而在一定的时间范围内,通信系统出现的误码个数与系统所发射二进制信息的数目比值便为激光通信系统在这段时间内的误码率。在设计激光通信系统时,误码率是用来评价激光通信系统性能的重要指标。但当激光通信系统在大气信道中工作时,由于大气湍流的光强闪烁、到达角起伏以及光斑漂移等影响,在接收端探测器的光敏面上不可避免地会出现光强的随机起伏,极大地增加了大气激光通信系统的误码率。

对于 OOK 调制的激光通信系统,其误码率由两部分概率叠加组成:① 系统发射信号"1"时,由于大气湍流的影响,接收端探测器输出的电压值低于判别的阈值,"1"被误判为"0"的概率。② 系统发射信号"0"时,由于大气湍流影响,接收端探测器输出的电压值低于判别的阈值,"0"被误判为"1"的概率。通常,OOK 调制激光通信系统的"0"和"1"码的错误概率相同。所以,可以认为系统的误码率为"1"码误码率的 1/2。在不考虑系统探测器噪声的情况下,假设接收端位于距离光斑中心为 r 的一点处,则此时的误码率 BER_r 应为系统衰落概率的 1/2,其表达式为

$$\text{BER}_r = \frac{1}{2} F_r(I < I_r) = \frac{1}{2} \int_0^{I_T} p_r(I) \mathrm{d}I \tag{3.1}$$

式中,I_T 为系统的判定阈值。将公式 (2.15) 代入公式 (3.1) 中,则误码率可以表示为[67]

$$\text{BER}_r = \frac{1}{2} \int_0^{I_T} p_r(I) \mathrm{d}I = \frac{1}{4} \text{erfc} \left[\frac{0.23 M_F - \frac{1}{2} \sigma_I^2(r,L) - \frac{2r^2}{W^2}}{\sqrt{2} \sigma_I(r,L)} \right] \tag{3.2}$$

式中,erfc() 为误差函数,可以表示为

$$\text{erfc}(x) = \frac{2}{\sqrt{\pi}} \int_x^\infty \mathrm{e}^{-u^2} \mathrm{d}u \tag{3.3}$$

M_F 为系统衰落的冗余,其表达式为

$$M_F = 10 \lg \left(\frac{\langle I(O,L) \rangle}{I_T} \right) \tag{3.4}$$

若光束为高斯光束,则 $\langle I(0,L) \rangle$ 的表达式为[73]

$$\langle I(0,L) \rangle = \frac{\alpha P_T D_r^2}{2W^2} \tag{3.5}$$

其中，α 为整个链路上能量的损耗；D_r 为接收端的孔径；P_T 为发射端发射 "1" 的功率。这样由公式 (3.4) 和公式 (3.5) 可以得到 M_F 的最终表达式为

$$M_F = 10\lg\left(\frac{\alpha P_T D_r^2}{2I_T W^2}\right) \tag{3.6}$$

假设系统无指向性的偏差，仅仅考虑大气湍流所引起的接收光强随机起伏，忽略光斑漂移条件下的通信系统误码率可以表示为

$$\mathrm{BER}_0 = \frac{1}{4}\mathrm{erfc}\left[\frac{0.23M_F - \frac{1}{2}\sigma_I^2(0,L)}{\sqrt{2}\sigma_I(0,L)}\right] \tag{3.7}$$

但是，接收点到光斑中心的距离 r 会直接影响接收端的平均光强以及闪烁因子，所以此时的误码率仍需考虑光斑漂移的影响，若在光斑漂移影响下，接收点到光斑中心的距离 r 发生了变化，那么误码率同样会发生变化。但是光斑漂移变化的频率通常远低于激光通信系统 Mbit/s~Gbit/s 的量级，在 kHz 以下。所以，光斑位置的变化时间要远远大于信号的比特时间，故系统误码率应为光斑各个可能位移点误码率的均值：

$$\mathrm{BER} = \int_0^\infty (\mathrm{BER}_r)p(r)\mathrm{d}r \tag{3.8}$$

将公式 (3.2) 和公式 (3.3) 代入便可以得到 OOK 调制下的激光通信误码率的最终表达式

$$\mathrm{BER} = \frac{1}{4}\int_0^\infty \left[\frac{0.23M_F - \frac{1}{2}\sigma_I^2(r,L) - \frac{2r^2}{W^2}}{\sqrt{2}\sigma_I(r,L)}\right] \times \frac{r}{\sigma_r^2}\exp\left(-\frac{r^2}{2\sigma_r^2}\right)\mathrm{d}r \tag{3.9}$$

3.1.2 中断概率

中断概率是用来衡量激光通信系统稳定性与可靠性的指标，其含义为通信系统整体误码率高于一定值的概率，或者可以说是激光通信系统信噪比在某一信噪比值以下的概率。因此，激光通信系统的中断概率会受到信噪比门限 μ_0 值的影响。中断概率可以表示为

$$P_{\mathrm{out}} = \mathrm{Pr}(\mathrm{SNR} \leqslant \mu_0) = \mathrm{Pr}\left(\frac{\eta 2I^2}{N_0} \leqslant \mu_0\right) = \mathrm{Pr}\left(I \leqslant \sqrt{\frac{\mu_0}{\mu}}\right) = \int_0^{\sqrt{\frac{\mu_0}{\mu}}} f(I)\mathrm{d}I \tag{3.10}$$

若光强闪烁采用 gamma-gamma 模型，其概率密度可表示为[67]

$$f(I) = \frac{2(\alpha\beta)^{(\alpha+\beta)/2}}{\Gamma(\alpha)\Gamma(\beta)}I^{[(\alpha+\beta)/2]-1}K_{\alpha-\beta}(2\sqrt{\alpha\beta I}) \tag{3.11}$$

式中，$K_v()$ 为第二类修正的贝塞尔函数；$\Gamma()$ 为 gamma 函数。将公式 (3.11) 代入公式 (3.10) 中，中断概率可以表示为

$$P_{\text{out}} = \int_0^{\sqrt{\frac{\mu_0}{\mu}}} \frac{2(\alpha\beta)^{(\alpha+\beta)/2}}{\Gamma(\alpha)\Gamma(\beta)} I^{[(\alpha+\beta)/2]-1} K_{\alpha-\beta}(2\sqrt{\alpha\beta I}) \mathrm{d}I \tag{3.12}$$

对其中的 $K_v()$ 用公式 (3.13) 进行替换：

$$K_v = \frac{1}{2} G_{0,2}^{2,0}\left(\frac{z^2}{4} \middle| \frac{\overline{v}}{2}, \frac{v}{2}\right) \tag{3.13}$$

式中，$G_{p,q}^{m,n}[\ ]$ 为 Meijer G 函数。利用 Meijer G 函数的性质，则闭合的中断概率函数表达式为 [74,75]

$$P_{\text{out}} = \frac{1}{\Gamma(\alpha)\Gamma(\beta)} \times G_{1,3}^{2,1}\left[\alpha\beta\sqrt{\frac{\mu_0}{\mu}} \,\middle|\, \begin{array}{c} 1 \\ \alpha,\beta,0 \end{array}\right] \tag{3.14}$$

3.1.3 平均容量

通信链路的平均容量为评价激光通信系统性能的重要指标，其定义为

$$\langle C \rangle = \int_0^\infty B \log_2\left(1 + \frac{(\eta I)^2}{N_0}\right) f(I) \mathrm{d}I \tag{3.15}$$

式中，B 为系统通信带宽，若信道仍然采用 gamma-gamma 模型，将公式 (3.11) 代入公式 (3.15) 中，可得

$$\langle C \rangle = \frac{B(\alpha\beta)^{(\alpha+\beta)/2}}{\Gamma(\alpha)\Gamma(\beta)} \int_0^\infty \log_2\left(1 + \frac{(\eta I)^2}{N_0}\right) \times I^{[(\alpha+\beta)/2]-1} K_{\alpha-\beta}(2\sqrt{\alpha\beta I}) \mathrm{d}I \tag{3.16}$$

$$\log_2(1+z) \times \ln 2 = \ln(1+z) = G_{2,2}^{1,2}\left(z \,\middle|\, \begin{array}{c} 1,1 \\ 1,0 \end{array}\right) \tag{3.17}$$

将公式中的 $K_v()$ 和 $\log_2()$ 采用公式 (3.13) 和公式 (3.17) 进行表示后，代入公式 (3.16) 中可得

$$\langle C \rangle = \frac{B(\alpha\beta)^{(\alpha+\beta)/2}}{\ln 2 \times \Gamma(\alpha)\Gamma(\beta)} \int_0^\infty G_{2,2}^{1,2}\left(\frac{\eta^2 I^2}{N_0}z \,\middle|\, \begin{array}{c} 1,1 \\ 1,0 \end{array}\right) \times I^{[(\alpha+\beta)/2]-1}$$

$$\times \frac{1}{2} G_{0,2}^{2,0}\left(\alpha\beta I \,\middle|\, \begin{array}{c} - \\ \frac{\alpha-\beta}{2}, \frac{\alpha+\beta}{2} \end{array}\right) \mathrm{d}I \tag{3.18}$$

在公式 (3.18) 的基础上可以利用 Meijer G 函数的运算性质，进而得到闭合的平均容量表达式 [75]：

$$\langle C \rangle = \frac{B \cdot 2^{\alpha+\beta-2}}{\ln 2 \times \Gamma(\alpha)\Gamma(\beta)} \times G_{6,2}^{1,6}\left[\mu \frac{16}{(\alpha\beta)^2} \,\middle|\, \begin{array}{c} 1,1, \frac{1-\alpha}{2}, \frac{2-\alpha}{2}, \frac{1-\beta}{2}, \frac{2-\beta}{2} \\ 1,0 \end{array}\right] \tag{3.19}$$

3.2 大气对激光通信系统性能影响的实验研究

正如第 2 章所论述，在大气信道激光通信链路中，大气湍流所引起的激光光束在传输过程中的光强闪烁、到达角起伏以及光斑漂移等现象严重地影响了激光通信系统的性能。3.1 节分别从激光通信系统误码率、中断概率以及平均容量等三方面，理论论述了大气湍流对激光通信系统的影响。但在真实的应用环境下，大气湍流为一个复杂的物理现象，不同地理环境、不同气象环境等条件下的大气湍流状态不完全相同，单纯的理论分析无法详尽地说明大气湍流对激光通信系统性能的影响，并且理论与真实大气条件下规律的一致性仍有待于实验的验证。由于湍流本身的复杂性，激光光束在其中传输时，所受到大气湍流的影响也十分复杂，在 2.2 节中设计了相关的实验，针对大气湍流的光强闪烁、到达角起伏以及光斑漂移等现象，从统计分析、概率分析以及频谱分析等角度进行了详细的实验研究。但同样的，针对大气湍流对激光通信系统性能影响的实验研究也十分必要。尽管大气湍流对激光光束的影响方式较多，但不管是光强闪烁、到达角起伏还是光斑漂移等现象，其对激光通信的影响更多地体现在接收端探测器光敏面上光强的随机起伏。所以针对这种情况，在本节中设计了相关的实验，重点研究探测器光敏面上光强的随机起伏对误码率的影响。

3.2.1 实验设置

在 2014 年 6 月至 2014 年 9 月进行了为期三个月的观测实验。实验链路 1、2 与第 2 章实验链路 1、2 相同，实验的发射端位于吉林省长春市朝阳区长春理工大学科技大厦 A 座 13 楼，发射端高度约 42m。接收端 1 位于长春理工大学东区第二教学楼九楼，距离地面高度为 33m，用 GPS 测得链路 1 长度为 1000m；接收端 2 位于长春市朝阳区一楼房 17 层内，距地面高度约为 51m，用 GPS 测得链路 2 长度为 6200m。所采用的实验装置分别如图 3.1(a) 和 (b) 所示。在发射端，采用波长

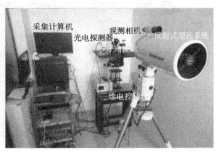

(a)   (b)

图 3.1 实验装置图

为 808nm 的激光器作为光源。信号源生成不同速率 (100Mbit/s、500Mbit/s) 的信号加载到激光驱动器上，驱动器驱动调制器产生调制信号，对激光进行调制。已加载信号的激光通过发射端光束准直扩束系统扩束并压缩束散角后进入大气信道。光束准直扩束系统下端安置了三维电动调整台，实现对发射端高度、俯仰以及转角的高精度调整。

图 3.2 为链路 2 在接收端拍摄的发射端示意图，图中可见激光光束波长为 532nm，为指向对准用激光光束。实际通信及测量光束波长为 808nm。在接收端，采用卡塞–格林反射式望远系统对入射光进行接收并整形为平行光，输出光束经过分光棱镜分为两束，一束经过聚焦透镜会聚到 APD 光电探测器上，APD 通过光电转换将入射的光信号转换为电信号，通过时钟恢复装置 (CDR) 与误码仪相连，APD 的输出信号通过功分器进行信号分路，一路直接接入示波器中进行波形观测，另外一路进行码型匹配，从而给出测试时间内的误码率；分束后的另一束光入射到成像探测器上，计算机通过高速图像采集卡对光斑灰度进行采集，所得的数据通过计算软件进行计算以分析由大气湍流引起的光强闪烁和到达角起伏效应。在整个实验过程中，通过便携式气象仪对大气信道的温度、风速、湿度、气压等信息进行测量。表 3-1 给出了实验系统的主要参数，为了更方便地进行对比和分析，链路 1 和链路 2 采用相同的设备进行测试。实验测量时，链路 1、链路 2 均为全天观测，图像采集器件每隔 10 分钟进行一次采集，每次采集 15000 帧图像；在每个相机采样周期内记录误码仪所显示的误码率，气象仪在测量期间全程工作，采集间隔为 1 分钟。信号的传输速率分别为 100Mbit/s、300Mbit/s 以及 500Mbit/s。发射端发射编码为伪随机序列，长度为 $2^9 - 1$。

图 3.2　链路 2 在接收端拍摄的发射端示意图

3.2 大气对激光通信系统性能影响的实验研究

表 3-1 大气湍流对激光通信系统性能影响实验系统主要参数

端口变量		参数值
发射端	发射口径	210mm
	发射功率	0~200mW
	束散角	50μrad
	调制速率	100Mbit/s/500Mbit/s
	调制方式	OOK
信道端	温度	测量范围：−25~+70℃；测量精度：±0.1℃
	风速	测量范围：0.4~40m/s；测量精度：±0.1m/s
	湿度	测量范围：5%~95%；测量精度：±3%
	气压	测量范围：700~110mbar；测量精度：± 1.5mbar
接收端	接收口径	210mm
	图像传感器	CMOS
	像元尺寸	14μm
	相机分辨率	320×320(2×2binning+ 开窗口)
	相机采样频率	2000Hz
	探测器材料	InGaAs
	探测器噪声功率	0.45W
	3dB 带宽	1GHz

3.2.2 大气激光通信系统误码率测试

图 3.3 为 2014 年 8 月 21 日 8:00~21:00 时段内 100Mbit/s 速率激光通信链路测量误码率曲线，测试链路为链路 2。在该实验中误码率测量时间为光斑测量时间点前后 5min 时间段，误码率测量时间为 10min。图 3.4 为该次实验过程中，闪烁因子的变化规律。通过对比图 3.3 和图 3.4，可以看出随着闪烁因子的增加，误码率呈上升趋势，并在中午 12:30 左右闪烁因子和误码率均出现了一天中的最大值。此时的闪烁因子为 0.836，误码率为 5.54×10^{-8}。这主要由于正午温度较高，大气湍流现象较明显。基本上，当闪烁因子大于 0.4 以后，激光通信系统才开始出现误码。当闪烁因子在 0.4 以下时，激光通信系统仅有零星的误码。在 19:00 以后由于太阳落山，地表和空气的温差逐步增大，此时的闪烁因子呈上升的趋势，与之相对应的，当闪烁因子在 0.4 以上时，激光通信系统又开始出现误码，但误码率均在 10^{-9} 量级以下。

纵观全天，误码率基本在 $10^{-9} \sim 10^{-11}$ 量级范围内波动，只有在正午温度最高时达到了 10^{-8} 量级。全天均未出现通信中断的现象，全天均可实现通信。并且，对于 100Mbit/s 通信链路，当闪烁因子在 0.4 以下时，系统基本上没有出现误码。将激光通信系统的通信速率提高到 500Mbit/s。图 3.5 为 2014 年 8 月 22 日 8:00~21:00 时段内 500Mbit/s 速率激光通信链路测量误码率曲线。测试链路同样为链路 2。

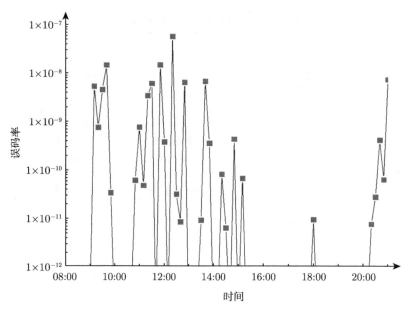

图 3.3 100Mbit/s 通信链路测试曲线

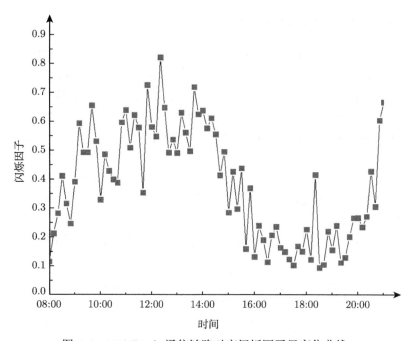

图 3.4 100Mbit/s 通信链路对应闪烁因子日变化曲线

3.2 大气对激光通信系统性能影响的实验研究

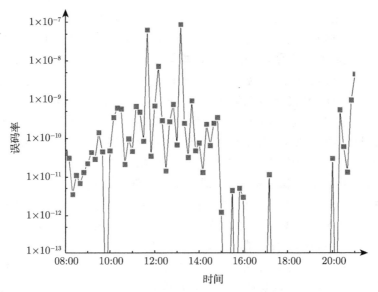

图 3.5　500Mbit/s 通信链路测试曲线

图 3.6 为该次实验过程中，闪烁因子的变化规律。通过与图 3.5 对比可以发现，对于 500Mbit/s 激光通信链路，系统的误码率同样随闪烁因子的上升而升高。并且，在中午 12:00 左右处闪烁因子和激光通信系统误码率同时出现了一天中的最大值。误码率的最高值在 10^{-7} 量级，在一天中出现了两次，另一次为 14:00 左右，通过图 3.6 可以看出，当闪烁因子下降到一定程度时，系统的误码率基本上为

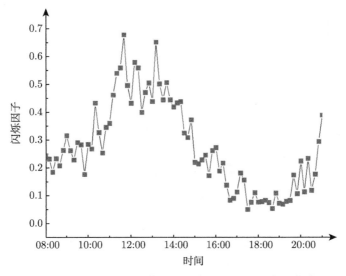

图 3.6　500Mbit/s 通信链路对应闪烁因子日变化曲线

零，但跟 100Mbit/s 激光通信链路相比，系统误码率为零的区间明显减少，而且出现误码率与否的临界值也要低于 100Mbit/s 通信链路，为 0.2 左右。当闪烁因子大于 0.2 时，系统就开始出现误码；而当闪烁因子低于 0.2 时，激光通信系统在大部分时间段内是没有误码的。可见，越高的通信速率对大气湍流的容忍度越低。纵观全天，系统的误码率仍然可以保证在 10^{-7} 量级以内，满足通信要求。

但是，在两次的测量实验中，闪烁因子与误码率的对应关系并不十分准确。会出现一些情况，当闪烁因子较高时，系统仍然没有误码。这主要是由于误码的测量时间略短，而且误码通常并非单个出现。针对这种情况，在 2014 年 8 月 24 日 8:00~21:00(图中 8:00 数据未标出) 又进行了一天的通信实验。

这次将一个小时内测得的 6 次闪烁因子值取平均值绘制成如图 3.7 所示闪烁因子平均值的日变化曲线。同样的，误码率的测量时间也延长为 1 个小时，绘制成如图 3.8 所示的误码率日变化曲线。通过图 3.7 和图 3.8 的对比分析，可以发现，与先前的实验相比，该实验能很好地说明误码率和闪烁因子的关系，当增加测量时间后，误码率基本上随着闪烁因子的变化而变化，两者变化规律的相符性非常高，可见接收端面上的光强随机起伏是误码率的主要来源。同样的，增大误码率的测量时间后，误码率为零的时间减少，这主要是由于在长时间的通信实验中，很难保证在整个小时的测量时间内，系统不出现误码。

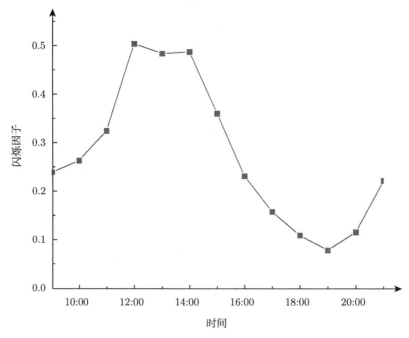

图 3.7　500Mbit/s 闪烁因子平均值变化规律

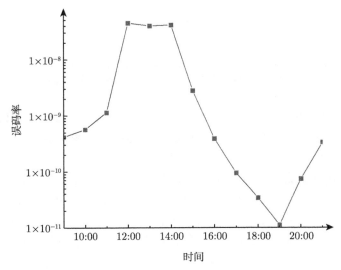

图 3.8 500Mbit/s 激光通信链路误码率变化规律

3.3 本章小结

  本章对常见的 OOK 调制激光通信系统性能受大气湍流的影响机理进行了分析。分别从 OOK 调制模式下激光通信系统在大气信道中运行时的误码率、中断概率以及平均容量等三个方面分析了大气湍流对激光通信系统性能的影响。给出了 OOK 调制的大气激光通信系统的误码率表达式；gamma-gamma 模式信道条件下的大气激光通信系统中断概率表达式；gamma-gamma 模式信道条件下的大气激光通信系统平均容量表达式。在相距为 1km 和 6.2km 的两通信链路上，进行了为期三个月的大气激光通信实验，对大气湍流对大气激光通信系统性能的影响进行了长期的实验研究。实验中所采用的激光通信系统波长为 808nm，调制速率为 100Mbit/s 和 500Mbit/s。实验结果表明：误码率的变化与闪烁因子的变化关联度很高，误码率及闪烁因子的测量时间越长，其相关度就越高。而越高的传输速率对大气环境的要求也越高。并且，对于 100Mbit/s 激光通信系统，当闪烁因子下降到 0.4 以下时，激光通信系统基本上没有误码，其全天的误码率在 10^{-8} 量级以下；而对于 500Mbit/s 通信链路，闪烁因子的临界点为 0.2 左右，全天误码率在 10^{-7} 量级以下。

第4章 激光光束多维度特性调控

通过第1~3章的研究不难发现,高斯光束受到大气湍流的影响比较大。大气湍流所引起的光强闪烁、到达角起伏以及光斑漂移等现象都会严重制约激光通信系统在大气信道中工作的性能。近年来,更多的研究人员将研究重点投向各种新型光束,与高斯光束相比这些新型光束具有不同的偏振态、相干特性以及相位特性,并且受到湍流的影响更小,可以抑制大气湍流的影响。对光束进行偏振态、相干特性以及相位特性调控的方法有很多,如对光束偏振态进行调控的相位延迟片法、晶体法以及基于液晶的偏振态调控方法等,对光束相干特性进行调控的旋转毛玻璃法、旋转液晶法以及液晶空间光调制器法,对光束进行相位特性调控的螺旋相位片和基于液晶的涡旋相位调控方法等。但对上述光束特性的调制,在本质上均为对光束相位的调制,而液晶器件由于具有高像素密度、高相位调制精度、相位编程实时控制等特点,特别适合进行高精度的相位调控。所以本章采用液晶空光调制器作为对激光光束进行偏振态、相干特性以及相位特性调控的主要器件。

在本章中,首先介绍了液晶对光束相位调制的基本原理;然后,介绍光束偏振态、相干特性以及相位特性的基本概念及原理。接着,介绍采用液晶空间光调制器对激光光束的偏振态、相干特性以及相位特性的调控原理及方法。最后,利用液晶空间光调制器生成不同偏振态、相干特性以及相位特性的激光光束,并对所生成光束的偏振态、相干特性以及相位特性精度进行验证。

4.1 基于液晶的相位调制技术

液晶,即液态晶体,因其特殊的理化与光电特性,20世纪中叶开始被广泛应用在显示技术上。1888年,奥地利植物学家莱尼茨尔(F. Reinitzer)在做加热胆甾醇苯甲酸酯结晶的实验时发现其具有两个熔点,即145.5℃和178.5℃,温度在二者之间时结晶熔成浑浊黏稠的液体,当继续加热至温度高于178.5℃后又形成透明的液体。后来,德国物理学家莱曼发现这种材料有双折射现象,他阐明了这一现象并把这种处于"中间地带"的浑浊液体命名为"液晶"。

液晶因其分子排列的特殊性,呈现出较为复杂的光电特性。液晶材料具有多种光电效应,电控双折射效应的应用最为广泛,如彩色显示器件、可调谐滤光器、可调相位延迟器、偏振控制器等。总之,液晶的电控双折射效应的应用在不断创新,已逐渐成为激光通信领域的一个重要研究方向。

4.1 基于液晶的相位调制技术

4.1.1 液晶的电控双折射效应

液晶分子具有流动性，液晶的光学性质及其双折射率受外加电场变化的影响而发生变化的现象称为液晶的电控双折射效应 (electrically controlled birefringence, ECB)。在外加电场作用下，液晶分子发生旋转，破坏了液晶的扭曲排列结构，结果使得液晶盒变为一个光轴倾斜于表面的晶片那样，对入射偏振光产生双折射作用。入射至液晶的光束的光强幅度、偏折角度、光波相位等参数的调整可以通过控制外加电场的大小来实现。

液晶分子的排列方向与外加电场的关系如图 4.1 所示。

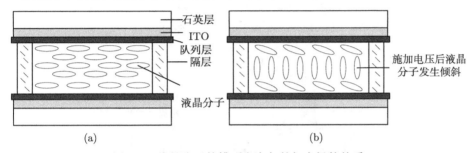

图 4.1 液晶分子的排列方向与外加电场的关系

(a) 最大延迟度 (电压为 0)；(b) 最小延迟度 (电压远大于 0)

分子长轴的偏转方向取决于外场的大小和液晶分子之间，以及液晶分子与基片表面之间作用力的大小，其值在 0°～90°。使液晶盒开始产生电控双折射效应的阈值电压为 2～4V[76]。

没有外加电场作用时，o 光和 e 光之间因传输路径长度不同而引起的相位延迟可表示为

$$\varphi_0 = \pi d(n_e - n_o)/\lambda \tag{4.1}$$

式中，λ 表示光波波长；d 表示液晶层的厚度。当垂直于液晶层表面施加电场时，液晶分子会发生偏转，其偏转角度取决于外加电场强度，此时 e 光的等效折射率 $n_e(\theta)$ 不再是常数，而是以液晶分子偏转角 θ 为变量的一个函数。从而导致光波经过液晶后所产生的相位延迟量为

$$\delta = \pi d \left(n_e(\theta) - n_o\right)/\lambda \tag{4.2}$$

$$n_e(\theta) = \frac{n_e \cdot n_o}{\sqrt{n_e \sin^2 \theta + n_o \cos^2 \theta}} \tag{4.3}$$

式中，θ 是液晶分子长轴与 z 轴 (外加电场方向) 的角度，其值大小与加载到液晶两端外加电场有关，所以电控双折射产生的相位延迟量与液晶外部电压值有关。

一般情况，在液晶盒两端加上偏振方向正交的两偏振片，在不加电压的情况下，o 光和 e 光之间产生相位延迟，使得出射光偏振态发生改变，即表现为旋光现象。在液晶盒两端加上特定电压值后，由于液晶的电控双折射效应，入射光经过液晶盒后偏振态不发生改变，从而在检偏片后表现为光遮挡，如图 4.2 所示。

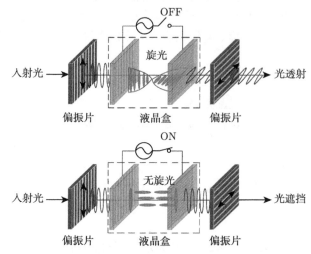

图 4.2　线性偏振光经过液晶盒后的改变示意图

综上，液晶材料因其独特的电控双折射效应而被广泛用于光束的相位调制。

4.1.2 液晶空间光调制器选取与使用

本节所选用的液晶空间光调制器为美国 BNS 公司生产的 HSP256-785 和 HS256-635 型液晶空间光调制器，采用的液晶为向列型液晶。其主要参数如表 4-1 所示。

表 4-1　液晶空间光调制器主要性能指标

变量	型号	
	HSP256-635	HSP256-785
中心波长	635nm	785nm
有效尺寸	6.14mm×6.14mm	6.14mm×6.14mm
零级衍射效率	71.5%	71.5%
填充率	90%	90%
分辨率	256	256
模式	反射式	反射式
波前调制量	2π	2π
像元尺寸	24μm × 24μm	24μm × 24μm
速度	400m/s	222m/s

4.2 激光光束偏振态调制

对于本节所使用的液晶来说，其对入射光束进行相位的调制已经提前标定好，只需通过加载灰度图到液晶空间光调制器上便可实现入射光束相位的调制。其相位调制量与相位图灰度的对应关系保存在 Look Up Table(LUT) 文件中，使用时，直接调用即可。图 4.3 为 HSP256-635 型液晶空间光调制器的灰度值相位对应曲线。

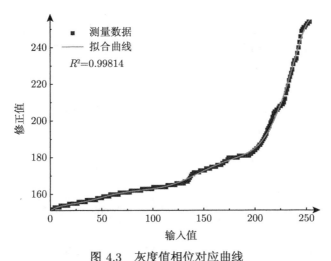

图 4.3　灰度值相位对应曲线

4.2　激光光束偏振态调制

4.2.1　光波偏振态

根据光波振动方向和传播方向间的关系，将其分为纵波和横波。其中振动方向与传播方向相同的为纵波，而振动方向与传播方向垂直的为横波，偏振是横波有别于纵波的最明显的特征。麦克斯韦的电磁理论中阐明了光波是一种横平面电磁波。当光与物质产生相互作用时，其电矢量 ($\vec{E}$) 起着主要作用，所以一般在对光波进行讨论时，主要考虑其电矢量 ($\vec{E}$) 的振动。对于右手坐标系 xyz，当光沿 Oz 方向传播时，电场只有 x,y 方向的分量，任何一种偏振光，都可以表示为电矢量分别沿 x 轴和 y 轴的两个线偏振光分量的叠加。

根据偏振特性可将光波分为偏振光、部分偏振光和自然光。自然光光波的电场和磁场矢量的振荡方向呈无规律分布，或称非偏振光。自然光的特点是在垂直光传播方向的平面内，光矢量沿各方向振动的概率均等。而偏振光[77]光波的电场和磁场矢量的振荡方向具有一定的分布规律。偏振光又可细分为线偏振光、圆偏振光和椭圆偏振光。自然光在传播过程中受外界环境影响，可能引起某一方向的振动分量强度占优势，这样的光波称为部分偏振光，它可看成是偏振光与自然光的混合状态。

一束沿 Oz 正方向传播的单色平面电磁波，可以表示为

$$E = E_0 \exp[-\mathrm{i}(kz + \omega t)] = E_0 \cos(\tau + \delta) \tag{4.4}$$

式中，$k = 2\pi/\lambda$，λ 为光波波长；$\tau = \omega t - kz$。k 为波数，表示在光的传播方向上每单位长度内的光波数。其电矢量写成分量形式则可以分别表示为

$$\begin{cases} E_x = a_1 \cos(\tau + \delta_1) = E_{0x} \cos(\tau + \delta_1) \\ E_y = a_2 \cos(\tau + \delta_2) = E_{0y} \cos(\tau + \delta_2) \\ E_z = 0 \end{cases} \tag{4.5}$$

消去 τ，式 (4.5) 可以简化为

$$\left(\frac{E_x}{E_{0x}}\right)^2 + \left(\frac{E_y}{E_{0y}}\right)^2 - 2\frac{E_x}{E_{0x}}\frac{E_y}{E_{0y}}\cos\delta = \sin^2\delta \tag{4.6}$$

其中相位差 $\delta = \delta_2 - \delta_1$。因式 (4.6) 中系数行列式大于等于零：

$$\begin{vmatrix} \dfrac{1}{E_{0x}^2} & -\dfrac{\cos\delta}{E_{0x}E_{0y}} \\ -\dfrac{\cos\delta}{E_{0x}E_{0y}} & \dfrac{1}{E_{0y}^2} \end{vmatrix} = \frac{\sin^2\delta}{E_{0x}^2 E_{0y}^2} \geqslant 0 \tag{4.7}$$

则说明随着时间的变化，光波的电场矢量 E_x，E_y 分量的合成矢量的端点轨迹为一个椭圆 (从光传播的方向观察)，如图 4.4 所示。

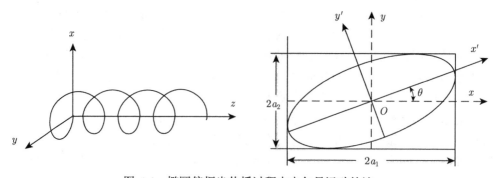

图 4.4 椭圆偏振光传播过程中电矢量运动轨迹

4.2 激光光束偏振态调制

光学中将这种电磁波称为椭圆偏振光,椭圆偏振光是光波最为常见的一种偏振态。

进行适当的坐标变换可以将式 (4.6) 对角化,即将坐标旋转 θ 角,椭圆的长、短轴在新坐标系中的坐标轴 x' 和 y' 上。在 $x'Oy'$ 坐标中,光波两个电矢量平面的分量便可整理为

$$\left(\frac{E_{x'}}{a}\right)^2 + \left(\frac{E_{y'}}{b}\right)^2 = 1 \tag{4.8}$$

式中,a 和 b 分别是椭圆的长轴和短轴。$e = \pm \arctan(b/a)$ 表示椭圆率 (ellipticity),θ 表示椭圆的方位角 (azimuth)。观察者从正面 (光传播方向) 对光波电矢量进行观察时,当电矢量末端呈顺时针旋转时为右旋圆偏振光;同理,光波电矢量末端呈逆时针旋转时则形成左旋圆偏振光。

除椭圆偏振光以外,光波偏振态还有两种特殊形式:① 传输过程中光波的电场矢量 $\vec{E}$ 的振动方向保持不变——线偏振光;② 随着时间的变化,光波的电场矢量 $\vec{E}$ 末端轨迹为圆——圆偏振光。

将式 (4.5) 整理为指数函数形式可表示为

$$\frac{E_y}{E_x} = \frac{a_2}{a_1} \exp\left[\mathrm{i}(\delta_2 - \delta_1)\right] \tag{4.9}$$

在 $\delta = 0$ 或 $\pm m\pi$ 的特殊条件下,有

$$\frac{E_y}{E_x} = (-1)^m \frac{a_2}{a_1} \tag{4.10}$$

此时,合成曲线为经过原点的斜率为 a_2/a_1 的直线,电场矢量 $\vec{E}$ 就称为线偏振光。

若 $\delta = \pm \pi/2 + 2m\pi$,且 E_x、E_y 两分量的振幅相等,即 $E_x = E_y = E_0$,则椭圆方程 (4.6) 退化为圆:

$$E_x^2 + E_y^2 = E_0^2 \tag{4.11}$$

此时电磁波称为圆偏振光。这时,如果 $\sin\delta > 0$,则 $\delta = \pi/2 + m\pi$,有

$$\begin{cases} E_x = E_{0x} \cos(\tau + \delta_1) \\ E_y = E_{0y} \cos(\tau + \delta_1 + \pi/2) \end{cases} \tag{4.12}$$

说明电场分量 E_y 的相位超前 E_x 分量 $\pi/2$,此时的合成矢量端点轨迹是一个顺时针旋转的圆,为右旋圆偏振光。同理,如果 $\sin\delta < 0$,则 $\delta = -\pi/2 + 2m\pi$,有

$$\begin{cases} E_x = E_{0x} \cos(\tau + \delta_1) \\ E_y = E_{0y} \cos(\tau + \delta_1 - \pi/2) \end{cases} \tag{4.13}$$

说明电场分量 E_y 的相位滞后 E_x 分量 $\pi/2$，此时的合成矢量的端点轨迹是一个逆时针旋转的圆，为左旋圆偏振光。

图 4.5 给出了相位差 δ 取不同值时光波偏振态的几何示意图[71-80]。

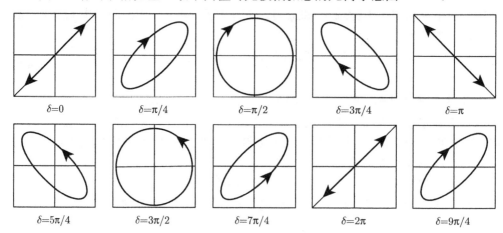

图 4.5 δ 取不同值时的偏振光几何示意图

4.2.2 光波偏振度

偏振度是描述光波偏振特性的另一重要物理量。获得线偏振光的方法很多，如尼科耳棱镜、格兰-傅科棱镜、格兰-汤姆孙棱镜等[81]。圆偏振光则往往是由光波依次通过一个线偏振片和一个 $\lambda/4$ 波片后得到的。

一般情况下，普通光源发出的光属于自然光。自然光拥有一切可能方位上的振动分量，即在一段观察时间内，各个方向上的光波矢量的振动大小和频率基本相同。而部分偏振光大多是自然光在传播过程中受外界的影响使得某一方向的振动呈现优势得到的。光矢量沿某一方向的振动占优势，用 $I_{\max}$ 表示其光波强度；与该方向正交的振动方向则处于劣势，用 $I_{\min}$ 表示其光波强度。当部分偏振光完全由自然光和线偏振光混合而成时，其中完全偏振光的强度可表示为 $I_p = I_{\max} - I_{\min}$，它与部分偏振光总强度 $I_{\max} + I_{\min}$ 的比值 P 被称为光波的偏振度 (degree of polarization, DOP)，即偏振度的定义为光信号中完全偏振光的强度和总光强之比：

$$P = \frac{I_p}{I_o} = \frac{I_p}{I_p + I_n} = \frac{I_{\max} - I_{\min}}{I_{\max} + I_{\min}} \quad (4.14)$$

其中，I_p 为完全偏振光的光强；I_o 为光信号的总光强；I_n 为非偏振光的光强。

4.2.3 基于液晶空间光调制器的光偏振态调控

液晶在光学相关研究领域中的应用主要涉及调制器件、偏光器件、透镜和衰减器件等。本小节将对液晶在对激光偏振参数控制方面的应用进行重点介绍。

4.2 激光光束偏振态调制

与传统的偏光器件 (如 $\lambda/4$ 波片) 相比，液晶具有对入射角要求低、适用波长广泛、驱动电压小等优点，此外，液晶还可以在无须机械转动的条件下实现对光束的多方面控制。

如图 4.6 所示，当振幅为 E_0 的线偏振光偏振方向与液晶快轴成 $\theta = 45°$ 夹角垂直入射到液晶表面时，将被分解为两个相位相等、振幅相同的正交分量，分别沿液晶的快轴 (fast) 和慢轴 (slow) 方向进行传输

$$|E_\text{f}| = |E_\text{s}| = E_0 \sin\theta = \frac{\sqrt{2}}{2}E_0 \tag{4.15}$$

这两个正交分量经过液晶后分别变为

$$E_\text{f} = \frac{\sqrt{2}}{2}E_0 \sin(\tau + \delta) \tag{4.16}$$

$$E_\text{s} = \frac{\sqrt{2}}{2}E_0 \sin\tau \tag{4.17}$$

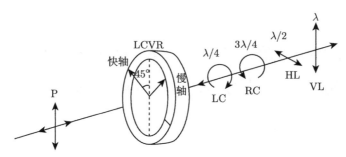

图 4.6 液晶对入射光偏振态的作用

LC. 左旋圆偏振；RC. 右旋圆偏振；HL. 水平线偏振；VL. 竖直线偏振；P. 偏振

经过液晶传输后，两个正交振动分量再次叠加，光束偏振态发生改变。液晶所产生的相位延迟 δ 是随着其外部驱动电压的调节可连续改变的，可通过调节外部驱动电压以控制输出光束偏振参数。

图 4.7 所示为基于液晶的激光偏振参数控制系统结构图。激光器产生的光通过扩束、起偏后入射到液晶表面，液晶在外加电场 (液晶控制器) 的作用下，内部会产生双折射现象。下面通过琼斯矩阵对激光偏振参数控制过程进行具体分析。

液晶的琼斯矩阵可表示为

$$M = R(\phi) \begin{bmatrix} \cos X - \mathrm{i}\dfrac{\varGamma}{2}\dfrac{\sin X}{X} & -\phi\dfrac{\sin X}{X} \\ \phi\dfrac{\sin X}{X} & \cos X + \mathrm{i}\dfrac{\varGamma}{2}\dfrac{\sin X}{X} \end{bmatrix} \tag{4.18}$$

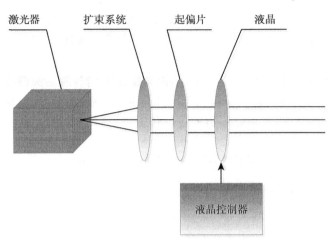

图 4.7 基于液晶的激光偏振参数控制系统

其中，$X = \sqrt{\phi^2 + \left(\dfrac{\Gamma}{2}\right)^2}$；$R(\phi) = \begin{bmatrix} \cos\phi & \sin\phi \\ -\sin\phi & \cos\phi \end{bmatrix}$ 为液晶的旋转矩阵；$\Gamma = \dfrac{2\pi}{\lambda}(n_{\rm e}(\theta) - n_{\rm o})d$ 为液晶的相位延迟矩阵，d 表示液晶厚度。ϕ 为液晶扭曲角，对于向列液晶，扭曲角 $\phi = \pi/2$，此时旋转矩阵 $R(\phi)$ 可写成 $R\left(\dfrac{\pi}{2}\right) = \begin{bmatrix} 0 & -1 \\ 1 & 0 \end{bmatrix}$。

令 V 为初始偏振态，经过向列型液晶后，偏振态 V' 为

$$V' = M \cdot V \tag{4.19}$$

假设入射光为偏振方向与液晶指向方向平行的线偏振光，则该入射光的琼斯矩阵可写成 $V = [1\ 0]^{\rm T}$。则可得到出射光的琼斯矢量为

$$V' = \begin{bmatrix} \dfrac{\pi}{2} \cdot \dfrac{\sin X}{X} \\ \cos X - {\rm i}\dfrac{\Gamma}{2} \cdot \dfrac{\sin X}{X} \end{bmatrix} \tag{4.20}$$

此时，$X = \sqrt{\phi^2 + \left(\dfrac{\Gamma}{2}\right)^2} = \sqrt{\left(\dfrac{\pi}{2}\right)^2 + \left(\dfrac{\Gamma}{2}\right)^2}$，$\Gamma = \dfrac{2\pi}{\lambda}(n_{\rm e}(\theta) - n_{\rm o})d$。在液晶厚度 d 一定的条件下，改变液晶双折射率即可改变出射光的偏振态，从而实现基于液晶的偏振态控制。改变液晶双折射率可通过调节液晶外部电压值来实现，即改变液晶外加电压值可调节输出光束偏振态。

4.2.4 激光偏振态调控实验与结果分析

为了对基于液晶的偏振态调控方法的偏振调控效果进行验证与分析，设计了

4.2 激光光束偏振态调制

图 4.8 所示实验装置对偏振调控的效果进行验证与分析。实验中所使用的液晶空间光调制器为 HSP256-635。控制用计算机 CPU 为 Intel 公司的 i7 3930k(6 核，12 线程)，系统内存为 16GB，采用氦氖激光作为光源，其波长为 633nm，氦氖激光器产生标准高斯分布的激光光束，经由伽利略式扩束装置 (2～5 倍连续可调) 进行扩束以调整光斑直径，由一个衰减片 ND 调节光束的强度以使其在观测设备的动态范围内；然后通过一个偏振片 P1 对光束的偏振态进行调整，使其满足液晶空间光调制器的需求。液晶空间光调制器为相位调制器件，入射光以 5° 的入射角入射到液晶上进行光束偏振态的调整。出射的偏振激光光束入射到偏振态测量仪探测面上进行偏振态测量。

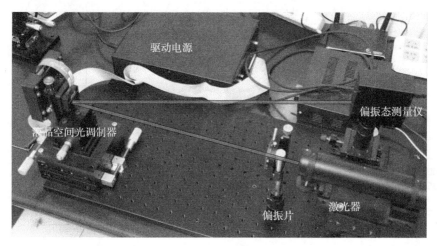

图 4.8　激光偏振态调控实验示意图

为了更准确地衡量装置对激光光束偏振态调控的效果及稳定性，对出射光束偏振态进行了 20 次测量，测量间隔为 10min。实验分别生成竖直线偏振光与左旋圆偏振光，图 4.9(a) 和 (b) 为线偏振与圆偏振条件下选取的三次测量结果。

图 4.10 曲线为不同偏振态下所调制的偏振光束的偏振态 (方位角和椭圆率) 和偏振度 (DOP) 的参数变化情况。图 4.10(a) 为光束调制为线偏振时的测量曲线。通过曲线可以看到表征其偏振态和偏振度的参数同样也发生了变化，具体表现为：竖直线偏振光的方位角发生随机转动，但整体的偏振态仍然保持线偏振。图 4.10(b) 为光束调制为圆偏振时的测量曲线。从图中可以看出表征其偏振态和偏振度的参数同样也发生了变化，具体表现为：圆偏振光的方位角发生随机转动，对于本实验中的左旋圆偏振光来说，圆偏振光的长、短轴存在以下关系：$a \approx b$，所以，此时方位角的随机转动对圆偏振光的偏振特性影响很小。此外，还可以看出，本实验中的左旋圆偏振光在传输过程中其旋向 (左旋) 始终保持不变 ($e < 0$)。

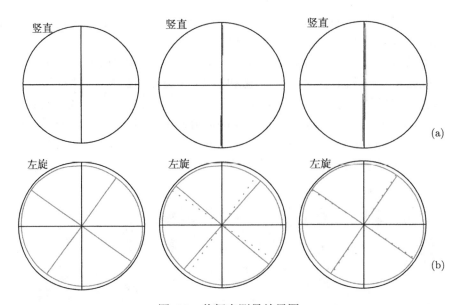

图 4.9 偏振态测量结果图

(a) 竖直线偏振；(b) 左旋圆偏振

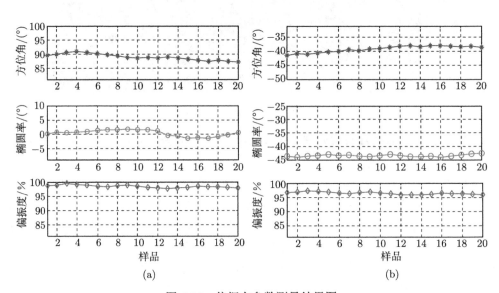

图 4.10 偏振态参数测量结果图

(a) 竖直线偏振；(b) 左旋圆偏振

通过上述实验数据的处理，统计基于液晶的激光光束偏振态调控方法生成两种偏振态光束的偏振态和偏振度参数的波动情况如表 4-2 所示。

表 4-2　线偏振光和圆偏振光偏振参数波动情况

偏振态	方位角	椭圆率	偏振度
线偏振光	2.131%	1.823%	0.625%
圆偏振光	1.475%	1.268%	0.455%

可见，不管是生成线偏振光还是圆偏振光，其生成光束的偏振态均比较准确，且波动较小。对于线偏振光来说，其偏振参数波动情况为：方位角 2.131%，椭圆率 1.823%，偏振度 0.625%；对于圆偏振光，偏振参数波动情况为：方位角 1.475%，椭圆率 1.268%，偏振度 0.455%，可以很好地实现对激光光束偏振态的调控。

4.3　激光光束相干度调控

4.3.1　光波相干特性

普通激光光束由于其空间相干性很高，所以其方向性很好，若通过一些手段降低激光光束的空间相干性，则完全相干的激光光束便转化为部分相干光。通常采用高斯谢尔模式 (GSM) 来作为光束模型。假设在完全相干激光光束出射面上进行相位调制，其调制光场可以表示为

$$\tilde{U}_0(\vec{s}, 0) = U_0(\vec{s}, 0) \exp[\mathrm{i}\varphi(\vec{s})] \tag{4.21}$$

式中，$U_0(\vec{s}, 0)$ 为激光器出射面光场；$\vec{s}$ 为横向空间向量；$\varphi(\vec{s})$ 为随机相位，其均值为零。此时，$\tilde{U}_0(\vec{s}, 0)$ 即表示部分相干光光场。由于 GSM 光束的光强分布与空间相干度分布均为高斯分布，其光场的互相干函数随机因子也可以用高斯函数来表示[82]：

$$\varGamma(s_1, s_2, 0) = \langle \tilde{U}_0(s_1, 0) \tilde{U}_0^*(s_2, 0) \rangle = A_0 \exp\left(-\frac{s_1^2 + s_2^2}{W_0}\right) \exp\left(-\frac{|s_1 - s_2|^2}{2\sigma_c^2}\right) \tag{4.22}$$

式中，W_0 为光斑直径；σ_c 为光束的相干长度。若 $\sigma_c \gg 1$，则此时光束为高斯完全相干光。若 $\sigma_c \propto 0$ 时，光束为非相干光束。光束的相干特性还可以用光源的相干参数来表示

$$\varsigma_s = 1 + \frac{W_0^2}{\sigma_c^2} \tag{4.23}$$

式中，ς_s 为部分相干光光束的散斑数目，其为统计独立。若光束为弱部分相干的光束，$\sigma_c^2 \gg W_0^2$，散斑数量为 1；若光束为强部分相干光，则存在多个散斑，且散斑间是相互独立的。

自 20 世纪 70 年代以来，部分相干光在很多领域中都有广泛的应用，如自由空间激光通信、激光材料热处理、激光扫描、激光可控核聚变、非线性光学以及成

像光学等[83-89]。目前，有多种产生部分相干光的方法，其中最常用的是液晶空间光调制器法[90-91]。4.3.2 节中将介绍采用部分液晶空间光调制器生成部分相干光的方法。

4.3.2 光束相干特性调控原理

利用液晶空间光调制器生成部分相干光的首要工作是计算相应的随机相位屏。首先，假设随机相位 $\phi(\vec{\rho},\omega)$ 服从零均值高斯分布，其二阶相关性由公式 (4.24) 给出[92]：

$$\langle \phi(\vec{\rho}_1,\omega)\phi(\vec{\rho}_2,\omega) \rangle = \phi_0^2 \exp\left[-|\vec{\rho}_1-\vec{\rho}_2|^2/(2\delta_\phi^2)\right] \tag{4.24}$$

式中，ϕ_0 为

$$\phi_0 = \sqrt{\langle |\phi(\vec{\rho},\omega)|^2 \rangle} \tag{4.25}$$

这里，δ_ϕ 为相位相干长度。光束在液晶空间光调制器出射平面 $z=z_0$ 上的功率谱密度函数可以表示为

$$\begin{aligned} W(\vec{\rho}_1,\vec{\rho}_2,z_0) =& S_0 \mu(\vec{\rho}_1,z_0)\mu^*(\vec{\rho}_2,z_0) \\ & \times \langle \exp\mathrm{i}[\phi(\vec{\rho}_2,\omega)-\phi(\vec{\rho}_1,\omega)] \rangle \\ \approx & S_0 \mu(\vec{\rho}_1,z_0)\mu^*(\vec{\rho}_2,z_0) \times \exp\left[-|\vec{\rho}_1-\vec{\rho}_2|^2/(2\delta_\phi^2)\right] \end{aligned} \tag{4.26}$$

式中，$S_0=S_0(\omega)$ 是频率为 ω 的光束 $\mu(\vec{\rho},z_0)$ 在出射平面上的部分相干电磁场；$\vec{\rho}_1$ 和 $\vec{\rho}_2$ 为在出射平面 $z=z_0$ 处的二维位置向量。

因此，当液晶空间光调制器 (LCSLM) 加载正确的随机相位 $\phi(\vec{\rho},\omega)$ 时，可以生成一定相干长度的部分相干光束。首先，生成一个二维服从零均值高斯分布的实值函数 $R_\phi(\vec{\rho})$。由于阵列单元独立服从高斯分布，故互不相关，即有

$$R_\phi(\vec{\rho}_1)R_\phi(\vec{\rho}_2) = \delta^2(\vec{\rho}_1-\vec{\rho}_2) \tag{4.27}$$

式中，$\delta^2(\vec{\rho})$ 为二维狄拉克函数。由随机函数 $R_\phi(\vec{\rho})$ 的卷积可产生高斯相关随机函数 $g_\phi(\vec{\rho})$：

$$g_\phi(\vec{\rho}) = f_\phi(\vec{\rho}) * R_\phi(\vec{\rho}) \tag{4.28}$$

其窗口函数 $f_\phi(\vec{\rho})$ 可表示为

$$f_\phi(\vec{\rho}) = \exp\left(-\frac{\vec{\rho}^2}{\gamma_\phi^2}\right) \tag{4.29}$$

函数 $g_\phi(\vec{\rho})$ 的二阶相关性可表示为

4.3 激光光束相干度调控

$$\langle g_\phi(\vec{\rho}_1) g_\phi(\vec{\rho}_2) \rangle = \frac{\pi \gamma_\phi^2}{2} \exp\left[-\frac{(\vec{\rho}_1 - \vec{\rho}_2)^2}{2\gamma_\phi^2}\right] \qquad (4.30)$$

为了便于操作，将随机相位函数 $g_\phi(\vec{\rho})$ 转换成直角坐标的形式。然后，卷积即可表示为两个二维矩阵卷积：

$$g_\phi(x,y) = (f_\phi * R_\phi)(x,y) = \sum_n \sum_m f_\phi(x-n, y-m) R_\phi(n,m) \qquad (4.31)$$

同一维卷积一样，二维矩阵卷积的实质是将卷积核矩阵翻转 (旋转 180°)，这里等同于一维信号的翻转，然后将卷积核矩阵依次从上到下、从左到右滑动，计算在模板与原始图像交集元素的乘积和，该和就作为卷积以后的数值。并且，由于窗口函数的尺寸问题，需要对随机函数的局域用零进行补全。图 4.11 为生成部分相干光矩阵卷积示意图，图中彩色的部分便为补全区域。为了更好地展示这个计算过程，图中采用与函数相对应的灰度图来表示各个相应矩阵。

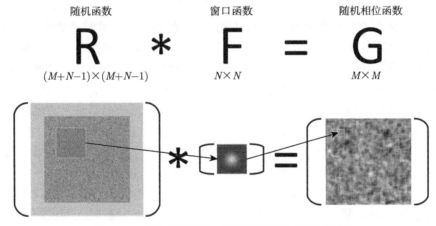

图 4.11 部分相干光生成算法示意图 (后附彩图)

所以，加载不同相干长度的随机相位屏到 SLM 上，即可以产生特定相干长度的部分相干光束。

4.3.3 光束相干特性调控实验与结果分析

为了测试生成部分相干光相干长度的准确性，设置了如下实验进行验证。实验装置及光路图如图 4.12 所示。实验中使用的液晶空间光调制器为 HSP256-635。控制用计算机 CPU 为 Intel 公司的 i7 3930k(6 核，12 线程)，系统内存为 16GB。

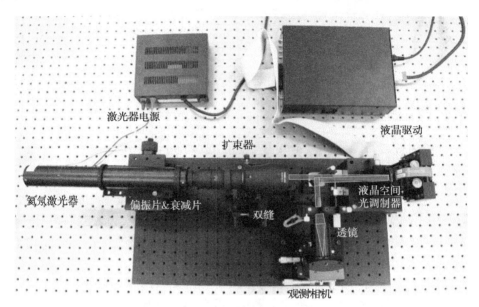

图 4.12 相干长度检测实验示意图

氦氖激光器产生标准高斯分布的激光光束,经由伽利略式扩束装置(2~5 倍连续可调)进行扩束以调整光斑直径,由一个衰减片 ND 调节光束的强度以使其在观测设备的动态范围内;然后通过一个偏振片 P1 对光束的偏振态进行调整,使其满足液晶空间光调制器的需求。液晶空间光调制器为相位调制器件,入射光以 5° 的入射角入射到液晶驱动上进行光束相干度的调整,加载到液晶驱动上的随机相位屏相干长度分别为 0.15mm 和 1.5mm。出射的部分相关光照射到双孔 P1 和 P2 上后发生干涉,由透镜 PL1 会聚到 CMOS 相机光敏面上进行观察。这里所采用的双孔直径为 150μm,双孔间距分别为 0.15mm 和 1.5mm。透镜的口径为 25mm,焦距为 100mm。相机为德国 Mikrotron 公司的 CMOS 相机,相机的分辨率为 1280×1024,像元尺寸为 14μm,满分辨率采样频率为 506Hz,在 633nm 波段上相机的量子效率 > 40%,信噪比优于 59dB。

相干长度的定义为:两个相干度 $j_{12} = 1/e$ 的两点间距,这里相干度 j_{12} 的定义为 [93]

$$j_{12} = \frac{I_{\max} - I_{\min}}{I_{\max} + I_{\min}} \tag{4.32}$$

式中,$I_{\max}$ 和 $I_{\min}$ 分别为相机观测到的干涉条纹中最亮点亮度值和最暗点亮度值,在这里直接代入最亮点和最暗点的灰度值即可。理论上,经过液晶调制过的激光光束的相干长度分别为 0.15mm 和 1.5mm,所以入射光线对应的间距的双孔发生干涉时,相机处测得的相干度应该为 $1/e$。实验结果如图 4.13 所示。图 4.13(b) 中的干涉条纹为相干长度为 0.15mm 的激光光束在入射到间距为 0.15mm 双孔后产生

4.3 激光光束相干度调控

的干涉条纹，实验测得该两点相干度 $j_{12} = 0.3618$；图 4.13(d) 中的干涉条纹为相干长度为 1.5mm 的激光光束在入射到间距为 1.5mm 双孔后产生的干涉条纹，实验测得该两点相干度 $j_{12} = 0.3704$。为了更好地分析并验证所生成部分相干光相干长度的准确性，每个相干长度连续记录 500 帧图像后计算相干度并进行统计分析。图 4.14 为相干长度分别为 0.15mm 和 1.5mm 两束激光入射对应双孔后通过所产生干涉条纹计算得到的相干度。

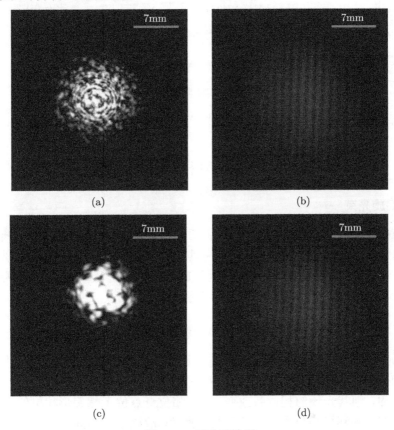

图 4.13 双孔干涉图

(a) 真实光斑 ($l_c = 0.15$mm); (b) 干涉条纹 ($l_c = 0.15$mm; $d = 0.9$mm); (c) 真实光斑 ($l_c = 1.5$mm); (d) 干涉条纹 ($l_c = 1.5$mm; $d = 1.5$mm)

通过对数据进行分析整理，对于所生成的相干长度为 0.15mm 的激光光束，光束上间隔为 0.15mm 两点的相干度均方根误差 σ=0.022011，峰谷值 PV=0.074325；对于所生成的相干长度为 1.5mm 的激光光束，光束上间隔为 1.5mm 两点的相干度均方根误差 σ=0.020883，峰谷值 PV=0.072998。均与理论较相符，可见本方法可以快速准确地生成一定相干长度的部分相干光束。

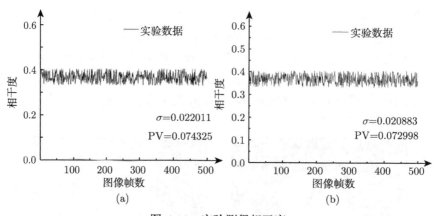

图 4.14 实验测得相干度

(a) 相干长度为 0.15mm；(b) 相干长度为 1.5mm

4.4 激光光束相位特性调控

4.4.1 涡旋光束

本节所论述的激光光束相位调控，主要指对激光光束加载螺旋相位，即将光束调制成涡旋光束。涡旋光束的主要特点为具有螺旋形的相位分布，在涡旋光束的相位中含有 $\exp(in\theta)$ 相位因子，其中 n 为涡旋光束的拓扑电荷数。当光束沿着 z 轴传播时，可以将拓扑电荷数为 n 的光学涡旋场表示为

$$E(r,\theta,z) = E_0(r,\theta,z)\exp(in\theta)\exp(-ikz) \tag{4.33}$$

式中，$E_0(r,\theta,z)$ 为 z 处光场振幅的分布。通过公式 (4.33) 可以得出，涡旋光场其自身的相位分布由相位因子 $\exp(in\theta)$ 所决定，在光束传播方向的截面上，若绕涡旋中心一周，则其光场的相位就改变 $2\pi n$，相位奇点位于螺旋形相位的中心位置，围绕相位奇点的涡旋相位由于干涉而互相抵消，故该奇点的振幅为零。

4.4.2 基于液晶的涡旋光束产生原理

2002 年，Curtis 等首先采用液晶空间光调制器生成涡旋光束[94]，在生成涡旋光束时，螺旋相位图被加载到液晶空间光调制器上。当入射光束入射到加载螺旋相位屏的液晶空间光调制器上时，产生螺旋形的相位调制量，此时入射光的相位调制量可以表示为

$$\varphi = n\theta - 2\pi \text{int}\left(\frac{n\theta}{2\pi}\right) \tag{4.34}$$

经过调制后的入射光波 μ_0 的光场分布可以表示为

4.4 激光光束相位特性调控

$$E_n(r,\theta) = \pi R^2 \mu_0 \mathrm{e}^{in\theta} \sum_{m=0}^{\infty} \frac{(-1)^{(m+n/2)} \left[\sum kr/(2f)\right]^{2(m+n)}}{\left(1+\dfrac{n}{2}+m\right)(n+m)!m!}$$

式中，(r,θ) 为透镜后焦点所在平面的坐标；n 为涡旋光束的拓扑电荷数；R 为螺旋相位图孔径的半径。若出射光带有相位因子 $\exp(in\theta)$，则表明出射光束为涡旋光束。可见，采用液晶空间光调制器生成涡旋光束时，只需将公式计算所需的螺旋相位图加载到液晶空间光调制器上。并且，可以简便地调节所生成涡旋光束的涡旋位置、拓扑电荷数以及大小等，其基本原理如图 4.15 所示。

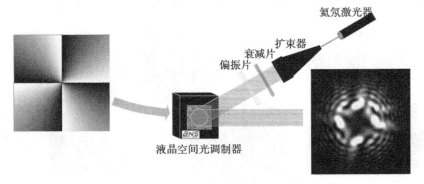

图 4.15 涡旋光束生成原理示意图

4.4.3 涡旋光束生成实验

为了验证基于液晶的涡旋光束生成方法的有效性和准确性，设置了相应的生成实验。实验装置如图 4.16 所示。

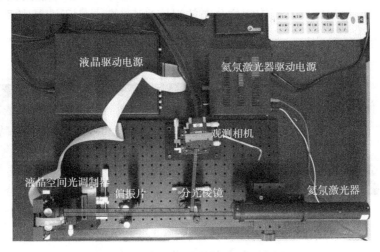

图 4.16 涡旋光束检测实验示意图

实验中使用的液晶空间光调制器为 HSP256-635。控制计算机 CPU 为 Intel 公司的 i7 3930k(6 核，12 线程)，系统内存为 16GB。氦氖激光器 ($\lambda = 633\text{nm}$) 产生标准高斯分布的激光光束，经由伽利略式扩束装置 (2~5 倍连续可调) 进行扩束以调整光斑直径，由一个衰减片 ND，调节光束的强度以使其在观测设备的动态范围内；然后通过偏振片 P1 对光束的偏振态进行调整，使其满足液晶空间光调制器的需求。液晶空间光调制器为相位调制器件，入射光以 5° 的入射角入射到液晶上进行相位调整，加载到液晶上的随机相位屏螺旋相位拓扑电荷数 n 分别为 1、2 以及 4。出射的涡旋光束由透镜 PL1 会聚到 CMOS 相机光敏面上进行观察。

图 4.17 所示分别为拓扑电荷数 $n = 1, 2, 4$ 的螺旋相位屏示意图。

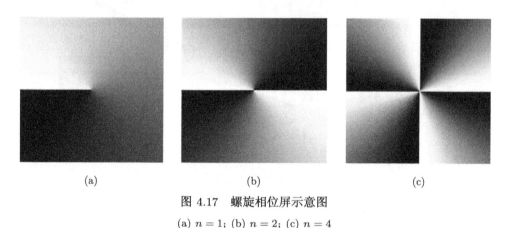

图 4.17 螺旋相位屏示意图

(a) $n = 1$; (b) $n = 2$; (c) $n = 4$

实验结果如图 4.18 所示。从实验结果中可以看出，随着拓扑电荷数 n 的增大，空心光束中间的孔洞越来越大。这与理论研究较为相符。可见，采用液晶空间光调制器可以很好地生成具有螺旋相位分布的涡旋光束。但是由于液晶空间光调制器各像素间的干涉现象，涡旋光束上出现了较明显的干涉条纹，这对实验有一定的影响。

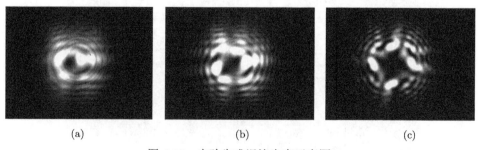

图 4.18 实验生成涡旋光束示意图

(a) $n=1$; (b) $n = 2$; (c) $n = 4$

4.5 激光光束多维度复合调控及整形发射技术

在 4.3 小节中已经成功地采用液晶空间光调制器实现了对激光光束相干度的高精度控制,但激光光束相干度的变化会直接影响激光光束的束散角及在介质中的传输特性。通常的,相干度越低,对应的束散角越大,若要进行远距离的传输,需要采用光学系统对光束的束散角进行压缩。但是,为了保证激光光束的准直效果及能量利用率,激光光束需要以一定的束散角入射到准直光学系统中。而不同相干度的激光光束却又有着很大的区别,这就意味着,不同相干度的激光光束只能采用特定的光学系统进行准直,十分烦琐,并且成本很高。若能在对激光光束的相干度进行控制的同时,实现对光束束散角变化的控制便可以大大增加后续光学系统的应用范围,降低系统的复杂程度及成本。可见,对激光光束的相干度及束散角进行高精度的控制,有着重要的意义。基于上述考虑,提出了一种基于液晶空间光调制器的激光相干度及束散角复合控制方法,采用液晶在对激光光束相干度进行控制的同时,对出射光束的束散角进行控制。通过这种方式,可大大降低部分相干光光学系统设计的复杂度及成本,促进部分相干光束的应用。便于将部分相干光应用于大气激光通信系统中。

4.5.1 束散角与相干度同时调控的基本原理

采用液晶对激光光束进行相干度调控的原理在 4.3.2 节中已经进行了详尽的介绍。这里便不再赘述。首先,说明对光束束散角进行控制的基本原理,需要加载具有不同焦距 f 的透镜相位分布到液晶空间光调制器上。通过控制所加载相位分布的焦距 f 值,来控制出射光束的束散角。

焦距为 f 的透镜的相位函数 $\varphi_f(x,y)$ 可以表示为[95]

$$\varphi_f(x,y) = (x^2+y^2)k/(2f) \tag{4.35}$$

式中, $k=2\pi/\lambda$, λ 为入射光束的波长;f 为等效透镜的焦距。但是由于激光光束相干度的变化,部分相干光束在介质中的传输规律与完全相干光不同,所以,为了计算出射光束的束散角还需要进行下面的运算。

一般的,采用交叉谱密度函数来分析部分相干光束在随机介质中的传播规律。观测端的交叉谱密度函数表达式为[96,97]

$$W(r_s,r_d,L,w) = \frac{a_0^2 w_0^2}{w_L^2} \exp\left\{-r_d^2\left(\frac{1}{\rho_0^2}+\frac{1}{2w_0^2\Lambda_0^2}\right)+\frac{2\mathrm{i}r_s\cdot r_d}{w_0^2\Lambda_0}\right\}$$
$$\times \exp\left[-\frac{2r_s^2}{w_L^2}-\frac{(\mathrm{i}\varphi)^2 r_d^2}{2w_L^2}-\frac{2\mathrm{i}\varphi(r_s\cdot r_d)}{w_L^2}\right] \tag{4.36}$$

通过公式 (4.36) 就可以计算出部分相干光束在随机介质中传输时的光斑直径 w_L

$$w_L = w_0 \left[\Theta_0^2 + \left(1 + \frac{w_0^2}{\sigma_g^2} + \frac{2w_0^2}{\rho_0^2} \right) \Lambda_0^2 \right]^{1/2} \tag{4.37}$$

式中，

$$\Theta_0 = 1 - \frac{L}{R_0}, \quad \Lambda_0 = \frac{2L}{kw_0^2} \tag{4.38}$$

其中，L 为光束传播距离，R_0 为光束的初始曲率半径，$k = 2\pi/\lambda$ 为光波数，w_0 为光束的初始直径；σ_g 为光束的相干长度；ρ_0 为大气相干度。由于实验室内近距离传输，忽略大气影响，则 ρ_0 趋近于无穷大，$2w_0^2/\rho_0^2$ 趋近于 0；将公式 (4.38) 代入公式 (4.37) 中，则

$$w_L = w_0 \left[\left(1 - \frac{L}{R_0} \right)^2 + \left(1 + \frac{w_0^2}{\sigma_g^2} \right) L^2 \Psi \right]^{1/2} \tag{4.39}$$

为了简化公式，式中

$$\Psi = \frac{4}{k^2 w_0^4} \tag{4.40}$$

则部分相干激光光束束散角 θ 表示为

$$\theta = \arctan \frac{w_0 \left[\left(1 - \frac{L}{R_0} \right)^2 + \left(1 + \frac{w_0^2}{\sigma_g^2} \right) L^2 \Psi \right]^{1/2}_L}{L} \tag{4.41}$$

式中

$$w_0 = w_p^2 \left[1 + \left(\frac{\pi w_p^2}{\lambda R_0} \right)^2 \right]^{-1} \tag{4.42}$$

根据透镜相位变换公式：

$$\frac{1}{R} - \frac{1}{R_0} = \frac{1}{f} \tag{4.43}$$

式中，R 为入射液晶空间光调制前激光光束的波前曲率半径；f 为液晶所模拟透镜焦距。假设入射空间光调制器激光光束为准直光束，则 $1/R$ 趋近于 0，液晶空间光调制器调制后的激光光束初始相位曲率半径 $R_0 = -f$，则

$$w_0 = w_p^2 \left[1 + \left(\frac{\pi w_p^2}{-\lambda f} \right)^2 \right]^{-1} \tag{4.44}$$

4.5 激光光束多维度复合调控及整形发射技术

代入公式 (4.41) 中，液晶空间光调制器出射光束束散角 θ 等于

$$\theta = \arctan \frac{w_0 \left[\left(1 + \frac{L}{f}\right)^2 + \left(1 + \frac{w_0^2}{\sigma_g^2}\right) L^2 \Psi \right]_L^{1/2}}{L} \tag{4.45}$$

这样，便可以通过控制所加载相位分布的焦距 f，来控制出射光束的束散角 θ。根据相位叠加的原理，最终的相位函数 $\varphi(x,y)$ 可以表示为

$$\varphi(x,y) = \varphi_f(x,y) + \varphi_\delta(x,y) \tag{4.46}$$

式中，$\varphi_f(x,y)$ 为焦距调制函数；$\varphi_\delta(x,y)$ 为相干度调制函数，其表达式为

$$\varphi_f(x,y) = (x^2+y^2)k/(2f), \quad \varphi_\delta(x,y) = R_\phi(x,y) \exp\left(-\frac{x^2+y^2}{ml_c^2}\right) \tag{4.47}$$

式中，f 为焦距；l_c 为相干长度；$k=2\pi/\lambda$；m 为相干长度转换系数，由液晶的像元尺寸和光束所经过光学系统缩放倍率共同决定。在本章中，由于光束在液晶空间光调制器出射后，并未添加其他光学系统，故其由液晶像元尺寸唯一决定。本章所用液晶像元尺寸为 15μm，若 $\delta_\phi = 60$，则此时根据理论出射光束的绝对相干长度 $l_c = 0.9$mm，同理若 $\delta_\phi = 100$，则 $l_c = 1.5$mm。本章所采用的液晶其相位调制量通过所加载的灰度图进行控制，其对应关系已经由厂家进行校对，0~255 级灰度对应 0~2π 的相位调制量，根据相位的周期性原理，需要对 $\varphi(x,y)$ 进行取模 2π 运算，即除以 2π 的余数，以满足液晶的相位调制范围限制。将取模后的相位函数 $\varphi_{\mathrm{mod}2\pi}(x,y)$ 按照 0~255 级灰度对应 0~2π 的相位调制量的对应关系，便可以生成控制液晶的随机相位屏。图 4.19 为所生成的随机相位屏，图中 f 为焦距，l_c 为相干长度。

(a)   (b)

图 4.19 随机相位屏

(a) $f = -100$cm, $l_c = 1.5$mm; (b) $f = -50$cm, $l_c = 0.9$mm

4.5.2 相干度与束散角调制实验与结果分析

为了测试本方法对光束相干度及束散角控制的精度,设置了如下实验,分别从相干度及束散角两方面进行检测。

1. 相干度检测

相干度检测实验装置及光路图如图 4.20 所示。

实验中使用美国 BNS 公司生产的液晶空间光调制器,液晶分辨率为 256×256。控制计算机 CPU 为 Intel 公司的 i7 3930k(6 核,12 线程),系统内存为 16GB,GPU 为英伟达公司的 GTX680。如图 4.20 所示,氦氖激光器产生标准高斯分布的激光光束,经由伽利略式扩束装置 (2~5 倍连续可调) 进行扩束以调整光斑直径,由一个衰减片 ND 调节光束的强度以使其在观测设备的动态范围内;然后通过一个偏振片 P1 对光束的偏振态进行调整,使其满足液晶空间光调制器的需求。液晶空间光调制器为相位调制器件,入射光入射到液晶上经由液晶反射进行光束相干度的调整,加载到液晶上的随机相位屏相干长度分别为 0.9mm 和 1.5mm。出射的部分相干光经分光棱镜转向后,照射到双孔 P1 和 P2 上后发生干涉,由透镜 PL1 会聚到 CMOS 相机光敏面上进行观察。根据文献,对于双孔间距为 0.9mm 和 1.5mm 的双孔,其孔径及双孔到接收屏的距离如表 4-3 所示[98]。

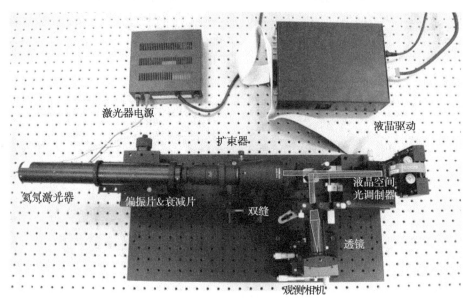

图 4.20 相干度检测实验示意图

4.5 激光光束多维度复合调控及整形发射技术

表 4-3 双孔选择表

双孔间距 $d = 0.9$mm	孔径/mm	0.09	0.09	0.1	0.11	0.12	0.13	0.14	0.15	0.2	0.25	0.3
	距离/mm	0.79	0.89	0.98	1.19	1.42	1.66	1.93	2.22	3.94	6.17	8.88
双孔间距 $d = 1.5$mm	孔径/mm	0.15	0.16	0.17	0.18	0.2	0.25	0.3	0.35	0.4	0.45	0.5
	距离/mm	2.22	2.52	2.85	3.19	3.94	6.17	8.88	12.0	15.7	19.9	24.6

采用的双孔直径为 150μm，双孔间距分别为 0.9mm 和 1.5mm，该种尺寸距离的双孔采用传统的激光加工手段很难获得，这主要是由于传统加工方式很难保证孔轮廓的光滑度及尺寸的精确度，这里所使用的双孔采用飞秒激光器进行加工，与传统激光器相比，飞秒激光器由于脉冲非常短，无热积累效应，可以加工出表面光滑的高精度的双孔。观测相机放置在与表中所对应观测距离位置处。透镜的口径为 25mm，焦距为 100mm。相机为德国 Mikrotron 公司的 CMOS 相机，相机的分辨率为 1280×1024，像元尺寸为 14μm，满分辨率采样频率为 506Hz，在 633nm 波段上相机的量子效率 >40%，信噪比优于 59dB。

理论上，经液晶调制过的激光光束的相干长度分别为 0.9mm 和 1.5mm，所以入射对应间距的双孔发生干涉时，相机处测得的相干度应该为 $1/e$。实验结果如图 4.21 所示。图 4.21(a) 中的干涉条纹为相干长度为 1.5mm 的激光光束在入射到间距为 1.5mm 双孔后产生的干涉条纹，该两点实验测得相干度 $j_{12} = 0.3707$；图 4.21(b) 中的干涉条纹为相干长度为 0.9mm 的激光光束在入射到间距为 0.9mm 双孔后产生的干涉条纹，该两点实验测得相干度 $j_{12}=0.3694$。

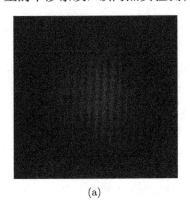

(a)   (b)

图 4.21 干涉条纹

(a) $f = -100$cm, $l_c = 1.5$mm, $d = 1.5$mm, $j_{12} = 0.3707$; (b) $f = -50$cm, $l_c = 0.9$mm, $d = 0.9$mm, $j_{12} = 0.3694$

为了更好地分析并验证所生成部分相干光相干长度的准确性,每个相干长度连续记录 500 帧图像后计算相干度并进行统计分析。图 4.22 分别为相干长度为 0.9mm 和 1.5mm 两束激光入射对应双孔后通过所产生干涉条纹计算得到的相干度。通过对数据进行分析整理,对于所生成的相干长度为 0.9mm 的激光光束,光束上间隔为 0.9mm 两点的相干度均方根误差 $\sigma=0.027386$,峰谷值 PV=0.084658;对于所生成的相干长度为 1.5mm 的激光光束,光束上间隔为 1.5mm 两点的相干度均方根误差 $\sigma=0.031314$,峰谷值 PV=0.089103。均与理论较相符,可见本方法可以实现高精度的相干长度控制。

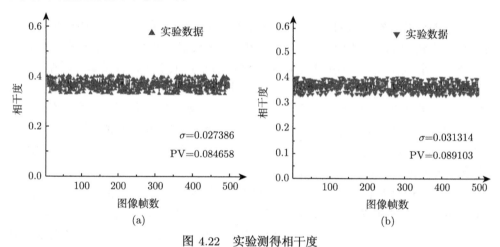

图 4.22　实验测得相干度

(a) 相干长度为 0.9mm；(b) 相干长度为 1.5mm

2. 束散角检测

理想的激光光束经过会聚透镜的会聚,在焦面上成为一个点。由于束散角的存在,在焦面上无法得到理想的点,而是一个光斑。经过分析可知,只要得到这个光斑大小,结合会聚透镜的焦距,即可求得激光束散角。将相干度检测实验中用以产生干涉条纹的双缝去掉,加入一个焦距已知的标准透镜,并在该透镜焦面处放置用于采集光斑图像的相机,激光光束在焦面处形成的光斑经由相机获取,在得到光斑的光强分布后,经数据处理得到束散角值。检测原理如图 4.23 所示。

若激光束为平行光,则光束入射到束散角测试仪光学系统中聚焦于焦平面上,若光学系统像差很小,则在焦平面上形成一个弥散斑,弥散斑大小取决于透镜入瞳口径大小。假设激光束散角为 θ,则在焦平面形成的光斑大于平行光入射时的光斑大小,根据光斑大小 D_c 和透镜焦距即可算出激光束散角大小[100]。

根据牛顿公式:

$$-xx' = f'^2 \tag{4.48}$$

4.5 激光光束多维度复合调控及整形发射技术

和三角形相似定理：

$$\frac{D_c}{D} = \frac{x'}{f' + x'} \tag{4.49}$$

激光束散角大小为

$$\theta = 2\arctan\left[\frac{D_c}{2(-x-f)}\right] \tag{4.50}$$

将公式 (4.48) 和公式 (4.49) 整理后代入公式 (4.50) 得

$$\theta = 2\arctan\left(\frac{D_c}{2f'}\right) \tag{4.51}$$

由于被测束散角较小，所以公式 (4.51) 可以简化成

$$\theta = \frac{D_c}{f'} \tag{4.52}$$

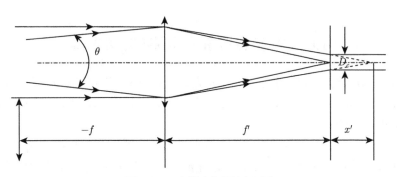

图 4.23 束散角测量原理图

根据上述原理，由于透镜焦距 f 已知，实际测量时，只需测量焦面上的光斑直径 D_c 即可计算出光束的束散角 θ。用液晶空间光调制器分别生成 $f = -100\text{cm}$, $l_c = 1.5\text{mm}$；$f = -50\text{cm}$, $l_c = 0.9\text{mm}$ 两种光束进行测量。并且，为了提高束散角计算的精度，对每一种光束测量 100 次取平均值，测量光斑截图如图 4.24 所示。对于 $f = -100\text{cm}$, $l_c = 1.5\text{mm}$ 的光束，其在观测点上的理论束散角应为 3.8mrad，实验测得的束散角平均值为 4.36mrad，均方差为 0.043186，峰谷值为 0.102130；对于 $f = -50\text{cm}$, $l_c = 0.9\text{mm}$ 的光束，其在观测点上的理论束散角应为 7.5mrad，实验测得的束散角平均值为 8.53mrad，均方差为 0.032478，峰谷值为 0.091201。均略大于理论值，但误差均在 15% 以内。可见，本方法可以在控制激光光束相干度的同时，高精度控制激光光束的束散角。实际上，测量值略大于理论值，主要是由于入射光束并非理想的准直光束，造成了实际束散角略大于理论值。

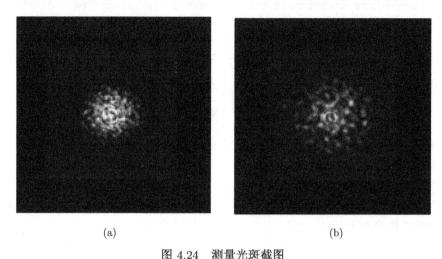

图 4.24　测量光斑截图

(a) $f=-100\text{cm}$，$l_c=1.5\text{mm}$，$d=0.9\text{mm}$；(b) $f=-50\text{cm}$，$l_c=0.9\text{mm}$，$d=1.5\text{mm}$

4.6　多参数高精度可控激光光源

4.2~4.4 节，已经对采用液晶对激光光束偏振态相干特性以及相位特性的调控方法进行了详尽的介绍，并采用实验的手段，分别对激光光束不同参数的调控有效性及精度进行了验证。

本节在 4.1~4.5 节的研究基础上，制作了可对激光光束偏振态相干特性以及相位特性等参数进行高精度调控的初始光源及光束发射装置。其结构如图 4.25 所示。为了方便使用，该装置的输入为光纤输入，接口为标准 SMA 接口。从光纤输入的激光光束首先经由初级光束准直透镜组进行初级准直。该透镜组数值孔径为 0.25mm，有效焦距为 11mm，有效孔径 5.5mm，中心波长为 808nm。准直后的光束经由偏振片对偏振态进行调整，满足液晶空间光调制器的要求后以小角度入射到液晶空间光调制器上，经由液晶对光束的相干度、偏振态、螺旋相位以及束散角等参数的调控后，入射到二级准直镜组进行光束准直后发射。这里需要说明的是，对光束束散角进行调控的目的是使入射到二级准直镜组的光束数值孔径与其相匹配达到满口径发射的目的；并且，提高能量的利用率。二级准直镜组结构为施密特-卡塞格里折返式望远系统，有效焦距 1500mm。最终出射光束直径为 150mm，束散角为 50μrad。系统工作时，采用液晶对入射到二级准直透镜组的激光光束的相干度、偏振态、螺旋相位等参数进行控制，并保证出射光束的束散角即可生成固定光束直径、多初始参数、高精度连续可调的准直激光光束。用于分析不同初始相干度、偏振度以及螺旋相位特性的激光光束。

图 4.25 多参数可调发射装置实物图

4.7 本章小结

本章对采用液晶进行相位调控的原理进行了研究，给出了液晶器件的选取依据及工作原理，总结如下。

(1) 给出了光波偏振态的函数形式。给出了采用液晶进行光束偏振态调控的基本原理，并进行了相关实验，生成了竖直线偏振光与左旋圆偏振光，验证了该方法的正确性及有效性。并对偏振光束的方位角、椭圆率以及偏振度等三个参数进行了测量。实验结果表明：对于线偏振光来说，其偏振参数波动情况为：方位角 2.131%，椭圆率 1.823%，偏振度 0.625%；对于圆偏振光，偏振参数波动情况为：方位角 1.475%，椭圆率 1.268%，偏振度 0.455%。可以很好地实现对激光光束偏振态的调控。

(2) 给出了用以描述光束相干特性的函数表达式及采用液晶空间光调制器对光束相干长度进行控制的基本原理，并对该方法的光束相干度调控性能进行实验分析。实验结果表明，生成相干长度为 0.15mm 和 1.5mm 部分相干光束，光束相干度均方根误差分别为 0.022011 和 0.020883，峰谷值分别为 0.074325 和 0.072998。可以对光束相干特性进行快速、高精度的调控。

(3) 给出了具有螺旋相位结构的涡旋光束的光场分布表达式及采用液晶空间光

调制器生成具有螺旋相位结构涡旋光束的基本原理。并对该方法的正确性和有效性进行了实验验证，实验结果与理论相符，基于液晶的涡旋光束生成方法可以快速准确地实现对光束螺旋相位的调制，生成涡旋光束。

(4) 提出了一种基于液晶空间光调制器的激光相干度及束散角复合控制方法，给出了对激光光束进行相干度和束散角复合控制的基本理论和方法；分别对本方法所调制激光光束的相干度和束散角精度进行了实验检测。实验结果表明，采用液晶空间光调制器生成相干长度为 0.9mm，束散角为 7.5mrad，相干长度为 1.5mm，束散角为 3.8mrad 的部分相干光束，其相干度与理论值相比误差在 5% 以内，均方根误差分别为 0.027386 和 0.031314，峰谷值分别为 0.084658 和 0.089103；其束散角与理论值相比误差在 15% 以内，均方差分别为 0.032478 和 0.043186，峰谷值分别为 0.091201 和 0.102130。可见，本方法可以实现高精度的相干度及束散角复合控制。

(5) 设计并制作了多参数高精度可调激光光源。出射光束直径为 150mm，束散角为 50μrad。出射光束的相干度、偏振态、螺旋相位高精度连续可调。

第 5 章　大气湍流模拟装置性能分析

大气湍流是一个复杂的物理现象，不同地域、不同气候的湍流状态也不尽相同，湍流的复杂性使其对光束传输过程的影响也十分复杂。想要充分研究不同初始光束参数的激光光束在各种大气环境中传输的变化规律，需要进行大量的、长期的野外实际大气环境激光传输监测实验。并且，真实大气环境的重复性较差，不便于对不同初始光束参数激光通信系统性能进行对比。并且，野外实验耗费人力物力，且耗时长、重复性差，具有很大的局限性。

为解决这一问题，本章设计了一种可在室内模拟大气湍流光学效应的实验装置 (简称大气湍流模拟装置)，以便在实验室内构建与真实大气信道相似的传输环境，主要技术指标基本上与实际大气信道相同，且各种参数可以灵活控制和调整，配合各种激光发射实验装置、各种激光发射装置搭载平台模拟装置和各种激光接收探测器系统，可以实现不同信道条件下的多种激光传输特性的模拟、仿真和综合测试。这样一来，可以有效提高实验效率、缩短监测周期，且大气湍流模拟装置具有重复性好、相似性好、控制性好的优势。

5.1　大气湍流模拟装置原理及组成

大气湍流模拟装置基于流动的相似性理论基础，完成大气湍流的光学特性的模拟，即当流动具有相似的几何边界条件，且雷诺数相同时，即使尺寸或者速度不同，甚至流体本身不同，它们也具有相似的动力。其基本结构如图 5.1 所示。

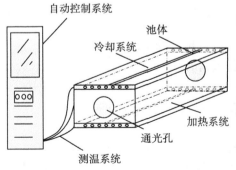

图 5.1　湍流模拟装置

池体由高温、耐热、绝热板组成，主要用于减少池体内部与外界的热交换；池体底部为加热面板，通电后均匀加热，并可达到足够高的温度，以产生不同强度的湍流；池体顶部为冷却面板，通过自来水 (也可制冷,采用冷却水) 的循环流动来使冷却面板保持恒定的高温 (或低温)，以实现上下平行平板间的不同温差；测温系统由池体内部的温度探测器构成，可实时采集并记录装置各部分的温度信息；自动控制系统则根据用户预设信息与温度采集信息实时调整加热系统，以形成闭环控制过程。

湍流模拟池工作时，下面平板加热，上面平板制冷，两板之间就会产生对流，当温度超过某一值，即所谓的瑞利数超过某一数值后，流动就会成为湍流。湍流池所模拟湍流的强度通常用大气折射率结构常数 C_n^2 来度量，湍流强度用温度结构常数来表示，其定义为

$$C_t^2 = D(d)/d \tag{5.1}$$

$$D(d) = \left\langle [t(r+d) - t(r)]^2 \right\rangle \tag{5.2}$$

式中，$t(r)$ 表示空间点 r 处的温度；r 为空间坐标；d 为量测点距离。则大气折射率结构常数 C_n^2 和温度结构常数 C_t^2 有如下关系：

$$C_n^2 = KC_t^2 \tag{5.3}$$

常数 K 由下述方法求出。介质的折射率 n 和密度 d 以及温度 t 有如下近似关系：

$$n(t_1) = \frac{d(t_1)}{d(t_2)} [n(t_2) - 1] + 1 \tag{5.4}$$

写成微分形式为

$$\frac{\mathrm{d}n}{\mathrm{d}t} - \frac{(n-1)}{d}\frac{\mathrm{d}d}{\mathrm{d}t} = \frac{(n-1)}{d}T \tag{5.5}$$

T 为介质的膨胀系数，d 为介质密度，因此

$$C_n^2 = \left[\frac{(n-1)T}{d}\right]^2 C_t^2 \tag{5.6}$$

查出不同温度下的 T 值和标准温度下的介质折射率 n，利用公式 (5.1)、(5.2)、(5.4)、(5.6) 即可得出所模拟的大气折射率结构常数 C_n^2。

5.2 湍流模拟装置信道参数标定

为了对湍流模拟装置的性能和等效性进行分析，采用 532nm、808nm、1064nm 以及 1550nm 激光进行了一系列的实验。激光发射和接收装置如图 5.2 和图 5.3 所示。

5.2 湍流模拟装置信道参数标定

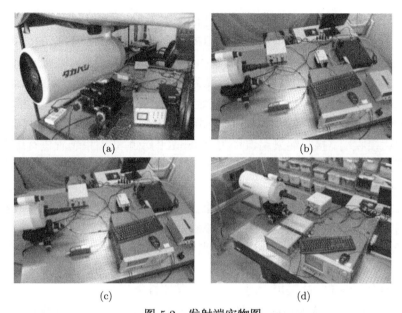

图 5.2 发射端实物图

(a) 532nm; (b) 808nm; (c) 1064nm; (d) 1550nm

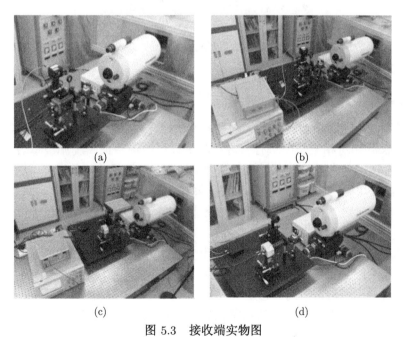

图 5.3 接收端实物图

(a) 532nm; (b) 808nm; (c) 1064nm; (d) 1550nm

首先，对湍流模拟装置的模拟范围进行标定。实验装置主要由激光光源、二级准直扩束装置、缩束装置、透镜、观测相机及用于采集和处理数据的计算机组成。功率为 50mW 的半导体激光器发射波长为 532nm 的激光光束，先通过准直装置准直，而后经由放大倍率为 5 倍，发射口径为 30mm 的透射式初级扩束器进行扩束，最后通过放大倍率为 7 倍的反射式扩束装置进行最后的扩束与准直，最终的束散角约为 0.5mrad，发射口径为 210mm，经由真实大气湍流链路和模拟大气湍流链路传输后到达接收端。接收端采用口径为 210mm 的反射式缩束装置进行缩束后，经由透镜聚焦到观测相机光敏面上；计算机通过采集的数据进行处理与分析得到所需实验数据。

物理量——弗里德 (Fried) 常数，又名大气相干长度。激光在大气中传播时，由于大气湍流效应，激光光束会产生随机漂移、扩展、畸变、闪烁等效应，破坏了激光的相干性。在激光大气传输和自适应光学相位校正技术中，描述湍流效应的影响，评价激光传输及其相位校正的效果时，就会用到大气相干长度。其为评价大气湍流强弱的主要参数，故采用它对湍流模拟装置性能进行标定。

湍流介质中平面波的到达角起伏方差 δ_α^2 与 $C_n^2(h)$ 之间的关系和 r_0 与 $C_n^2(h)$ 之间的关系基本相同

$$\delta_\alpha^2 = 2.91 D^{-1/3} \arccos\phi \int_{h_0}^{\infty} C_n^2(h) \mathrm{d}h \tag{5.7}$$

式中，D 为接收望远镜孔径；ϕ 为天顶角；h_0 为观察点的高度。因此在水平链路中，r_0 与到达角起伏方差 δ_α^2 的关系为[101]

$$r_0 = 3.18 k^{-6/5} D^{-1/5} \delta_\alpha^{-6/5} \tag{5.8}$$

所以可以通过测量到达角起伏方差的方法推导大气相干长度 r_0。测量时，采用 532nm 波长激光对相干长度进行推导。测量过程中逐步提高湍流模拟装置的上下板温差，选取几个典型温差进行相干长度的测量，并记录此刻的温差。这个过程循环四次，在每次循环中，每个温差条件下测量 10 次。由于测量中不可避免地会引入误差，故首先对实验测量结果进行误差剔除并求平均后再进行大气相干长度的反演。

图 5.4 为不同波长所测得的大气相干长度，可以看到，在同样的温差条件下，不同测量周期的测量反演大气相干长度是一致的。

大气折射率结构常数同样也是研究光波在大气中传播的一个重要的物理量。采用到达角起伏法对大气折射率结构常数进行测量。到达角起伏方差 σ_β^2 与大气折射率结构常数 C_n^2 之间的关系[101]为

$$C_n^2 = \frac{\sigma_\beta^2 D^{1/3}}{1.093 L} \tag{5.9}$$

5.2 湍流模拟装置信道参数标定

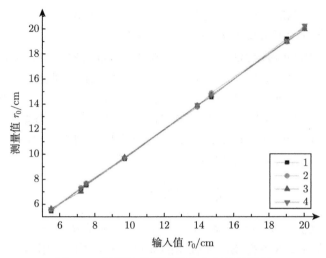

图 5.4 不同波长所测得的大气相干长度

可以看出大气折射率结构常数的大小与链路距离 L 有关,同样的到达角起伏方差下,不同距离 L 条件下反演出的大气折射率结构常数是不同的。为了对大气湍流模拟装置的模拟性能进行标定,当发射端与接收端放置在水平链路上时,可用大气折射率结构常数 C_n^2 来计算,大气相干长度 r_0 公式可表示为

$$r_0 = \left[0.423k^2 L C_n^2\right]^{-3/5} \tag{5.10}$$

对不同链路长度 L 条件下所能模拟的最大大气折射率结构常数的值进行了计算。利用计算结果绘制了图 5.5 所示曲线。通过图 5.5 可以看到,在 1km 时大气湍

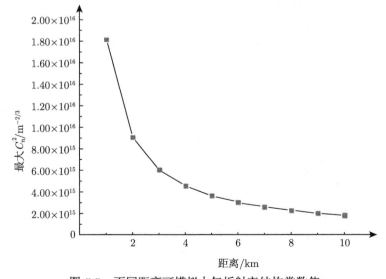

图 5.5 不同距离可模拟大气折射率结构常数值

流模拟装置所能模拟的 C_n^2 最大值为 1.81×10^{16}；若模拟链路距离 L 为 10km，大气湍流模拟装置所能模拟最大 C_n^2 值为 1.81×10^{15}。

湍流大气中光的传播特性大致可以按相干性、相位特性、光强特性进行分析，其中光强起伏最为复杂。由于光强是一个可直接观测的物理量，并且实际中涉及的大量问题均为光强问题。因此，首先对大气湍流模拟装置的光强特性进行等效分析。Rytov 方差为实际应用中用来估计光强闪烁的主要参数，在弱起伏条件下，Rytov 方差值与闪烁因子可以认为是近似相等的。如果用 Kolmogorov 幂率谱模型描述光湍流，对于平面波和球面波，Rytov 方差 σ_R^2 为

$$\sigma_R^2 = 1.23 C_n^2 k^{7/6} L^{11/6} \tag{5.11}$$

式中，C_n^2 为大气折射率结构常数；$k = 2\pi/\lambda$，λ 为光束波长；L 为链路距离。由于湍流模拟装置可输入的控制湍流强弱的参数为 r_0，所以采用 r_0 作为衡量湍流强弱的指标。在不同 r_0 条件下，采用 808nm 波长光束对湍流模拟装置的闪烁特性进行测量，在每个 r_0 条件下进行 20 次光强闪烁测量，剔除误差后取平均值绘制闪烁因子随 r_0 变化的曲线。根据公式 (5.10) 可以用 r_0 来表示大气折射率结构常数。代入公式 (5.11) 可得

$$\sigma_R^2 = 2.9 r_0^{-5/3} k^{5/6} L^{5/6} \tag{5.12}$$

式中，r_0 为变量，当波长一定时 k 为常数。采用 L 为拟合变量与湍流池模拟所得闪烁因子随相干长度 r_0 的变化曲线进行拟合。误差最小值条件下的 L 值，便为湍流模拟装置所模拟光强闪烁的等效距离。图 5.6 为拟合曲线。通过计算可知，湍流模拟装置所模拟闪烁强度的等效距离 $L=661.2$m。

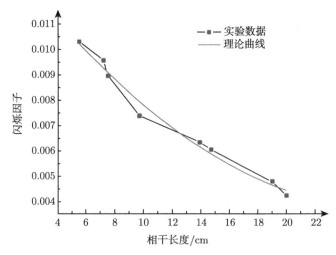

图 5.6 测量闪烁因子与 661.2m 距离下 Rytov 方差对比图

5.3 湍流模拟装置模拟稳定性实验研究

为了对对流式湍流模拟装置的湍流模拟性能进行进一步的验证，本节采用与 5.2 节相同的设备分别从区域稳定性、不同波长条件下相干长度的变化情况以及频谱稳定性三方面进行了实验研究。实验结果表明，对流式湍流模拟装置所模拟湍流，在区域稳定性以及频谱稳定性上均有很好的表现。并且，不同波长条件下所模拟湍流的大气相干长度满足 Kolmogorov 理论。具有准确性高、稳定性强以及可重复性好的优点，可以很好地对大气湍流进行模拟。

5.3.1 波长稳定性

根据 Kolmogorov 湍流理论，湍流介质中平面波的到达角起伏方差 σ_α^2 和 $C_n^2(h)$ 之间的关系与 r_0 和 $C_n^2(h)$ 之间的关系基本相同

$$\sigma_\alpha^2 = 2.91 D^{-1/3} \arccos\theta \int_{r_0}^{\infty} C_n^2(h) \mathrm{d}h \tag{5.13}$$

其中，D 为接收望远镜孔径；θ 为天顶角；h 为观察点的高度。因此在水平链路中，r_0 与到达角起伏方差 σ_α^2 的关系为

$$r_0 = 3.18 k^{-6/5} D^{-1/5} \sigma_\alpha^{-6/5} \tag{5.14}$$

通过公式 (5.14) 可以看到，平面波相干长度与波长的 $-6/5$ 次方成正比。为了对这一理论进行验证，采用 532nm、808nm、1064nm 以及 1550nm 激光进行了一系列的实验。测量装置的发射端与接收端与图 5.2 和图 5.3 所示相同。

测量过程中逐步提高湍流模拟装置的上下板温差，选取几个典型温差进行相干长度的测量，并记录此刻的温差。同样的温差下采用不同波长激光进行测量。每个波长，每个温差条件下测量 10 次取平均值，结果如图 5.7 所示。

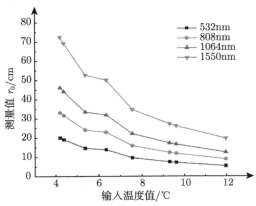

图 5.7　不同波长所测得大气相干长度

从图中可见，在同样的温差条件下，采用不同波长进行测量反演得到的大气相干长度随着波长的增长而增长。并且，不同波长条件下的大气相干长度与波长的 $-6/5$ 次方成正比。表 5-1 为具体的实验数据。

表 5-1　测量数据表

输入温度值/℃	532nm	808nm	1064nm	1550nm
11.98	5.46	9.02	12.55	19.70
9.62	7.24	11.95	16.63	26.12
9.31	7.53	12.43	17.30	27.17
7.55	9.64	15.92	22.15	34.78
6.34	13.89	22.94	31.91	50.12
5.38	14.60	24.11	33.54	52.68
4.37	19.20	31.70	44.11	69.28
4.19	20.11	33.21	46.20	72.56

5.3.2　区域稳定性

对于对流式湍流模拟装置，其所模拟湍流的均匀性为评价其性能的重要指标。均匀性即区域稳定性，是指在湍流池中心区域表征湍流特征的参数大致不变。本章选取大气湍流效应中比较典型的光强闪烁与到达角起伏效应对区域稳定性进行评价。实验装置主要由激光光源、透射式扩束装置、平凸透镜、观测相机及用于采集和处理数据的计算机组成，如图 5.8 所示。功率为 50mW 的半导体激光器发射波长为 808nm 的激光光束，先通过准直装置准直，而后经由放大倍率为 5 倍，发射口径为 20mm 的透射式扩束器进行扩束，束散角约为 0.5mrad，经模拟大气湍流链路传输后到达接收端。

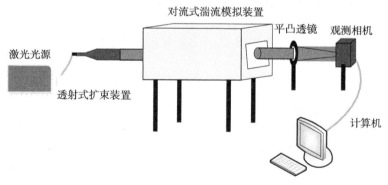

图 5.8　区域稳定性测量装置

在湍流模拟装置的窗口上，按图 5.9 所设定位置选取 21 个点进行测量。接收端采用直径为 25mm 的平凸透镜聚焦到观测相机光敏面上；计算机通过对采集的数据进行处理与分析得到所需实验数据。相机的分辨率为 1280×1024，像元尺寸为 14μm，满分辨率采样频率为 506Hz。为了提高相机的采样频率，对相机进行了 2×2 的 binning 操作，实际实验采样频率为 1736Hz，等效像元尺寸为 28μm。为了使测量的结果更具可比性，实验时调整平凸透镜的位置，使会聚的光斑存在一定程度的离焦，实现光强闪烁与到达角起伏同时进行测量。这样在测量光强闪烁时，系统不易饱和并提高了测量的精度；且由于光斑变大，质心的测量精度同样有了提高。光强闪烁和到达角起伏的测量原理在 2.2.2 小节和 2.2.3 小节中已经进行了详细的论述，这里不再重复介绍。

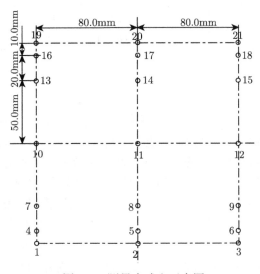

图 5.9　测量点选取示意图

测量时，首先设定湍流模拟装置大气相干长度为 5cm，启动系统进行加热，直到模拟装置稳定时开始测量。每个测量点测量 10 次，每次测量以 1736Hz 的采样频率采集 15000 帧灰度图进行计算。所得闪烁因子与到达角起伏方差剔除粗大误差后取平均值记录保存。所得闪烁因子与到达角起伏方差分别如表 5-2、表 5-3 所

表 5-2　闪烁因子结果

序号	测量数据	序号	测量数据	序号	测量数据
1	0.04675	8	0.0472	15	0.04227
2	0.04833	9	0.04394	16	0.04437
3	0.0471	10	0.04525	17	0.04524
4	0.04601	11	0.04414	18	0.04396
5	0.04685	12	0.04587	19	0.04167
6	0.04546	13	0.04494	20	0.04303
7	0.04372	14	0.04689	21	0.04201

示。通过对表中数据进行分析，可知光强闪烁因子的波动为 14.8%，到达角起伏的波动为 14.5%。两个参数的波动量均小于 15%。

表 5-3 到达角起伏方差结果

序号	测量数据	序号	测量数据	序号	测量数据
1	2.79×10^{-6}	8	2.75×10^{-6}	15	2.57×10^{-6}
2	2.82×10^{-6}	9	2.59×10^{-6}	16	2.67×10^{-6}
3	2.70×10^{-6}	10	2.58×10^{-6}	17	2.62×10^{-6}
4	2.76×10^{-6}	11	2.67×10^{-6}	18	2.48×10^{-6}
5	2.86×10^{-6}	12	2.74×10^{-6}	19	2.69×10^{-6}
6	2.65×10^{-6}	13	2.58×10^{-6}	20	2.69×10^{-6}
7	2.68×10^{-6}	14	2.66×10^{-6}	21	2.52×10^{-6}

5.3.3 频谱稳定型

Kolmogorov 湍流情况下平面波和球面波的对数振幅起伏和相位起伏的理论实践频谱最大的特征就是高频段频谱密度呈 $-8/3$ 幂率[102]。与光强闪烁相同，到达角起伏的频谱特性也同样存在幂率特征。理论研究表明，到达角起伏功率谱密度可以分为低频和高频两个部分，低频部分按 $-2/3$ 幂指数规律变化，高频部分按 $-11/3$ 幂指数规律变化[103-105]。为了标定对流式湍流模拟装置所模拟湍流在频谱特性上的稳定性，对波长稳定性实验中的实验数据进行了频谱分析。

图 5.10 和图 5.11 为典型的样本通过离散的傅里叶变换并采用对数-对数坐标绘制的功率谱密度图。可以看出湍流模拟装置所模拟湍流的光强闪烁与到达角起伏

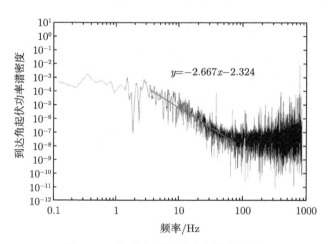

图 5.10 典型光强闪烁功率谱密度图

的频谱特性与理论相符。在此没有列出 x 轴功率谱密度图是由于热风对流式湍流模拟装置缺少横向侧风,故 x 轴无明显的幂率规律。由于实验样本比较多,未一一列举。通过对样本的统计,光强闪烁频谱高频幂指数的波动为 19.8%,到达角起伏频谱的高频幂指数波动为 17.9%。

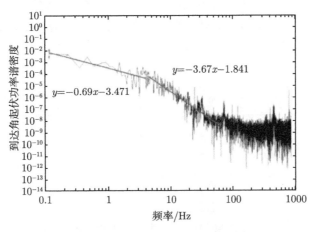

图 5.11 y 轴角起伏功率谱密度图

5.4 湍流模拟装置模拟等效性实验研究

5.2 和 5.3 节,对对流式湍流模拟装置所模拟大气湍流与真实大气环境下的大气湍流在大气相干长度 r_0、大气折射率结构常数 C_n^2、光强闪烁因子、到达角起伏方差以及光斑漂移方差等参数进行了验证。在本节中,主要利用第 2 章 1km、6.2km 真实大气链路长期观测所得实验数据与室内模拟装置上采用相同的发射与测试设备所得数据进行对比分析,对不同传输链路环境下的大气湍流频谱特性和概率密度特性进行详细的对比分析。

5.4.1 实验设置及基本原理

热风对流式湍流模拟装置所模拟湍流大气相干长度 r_0、等效大气折射率常数 C_n^2、光强闪烁因子、到达角起伏方差以及光斑漂移方差等参数前面已经有了较为成熟的研究。本节主要针对湍流模拟装置所模拟湍流在频谱特性和概率密度分布特性方面与真实大气的对比进行分析研究。实验链路和实验装置如图 5.12 所示。实验装置主要由激光器、反射式扩束装置、反射式缩束装置、聚焦透镜、观测相机及用于采集和处理数据的计算机组成。功率为 50mW 的半导体激光器发射波长为 808nm 的激光光束先通过准直装置准直,而后经由透射式初级扩束器 (放大倍率为 5 倍、发射口径为 30mm) 进行扩束, 最后通过放大倍率为 7 倍的反射式扩束装置进行最后的扩束与准直, 最终的束散角约为 0.5mrad, 发射口径为 210mm。分别经由真实大气湍流链路和模拟大气湍流链路传输后到达接收端。接收端采用口径为 210mm 的反射式缩束装置进行缩束后, 经由透镜聚焦到观测相机光敏面上。计算机对采集的数据进行处理与分析得到所需的实验数据。相机的分辨率为 1280×1024, 像元尺寸为 14μm, 满分辨率采样频率为 506Hz。为了提高相机的采样频率, 对相机进行了 2×2 的 binning 操作, 实际实验采样频率为 1736Hz, 等效像元尺寸为 28μm。

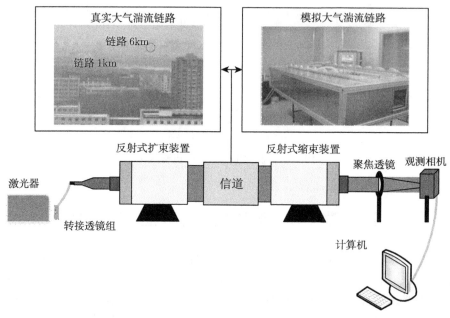

图 5.12 实验示意图

真实大气链路测量时, 测量间隔为 10min; 每次测量, 观测相机采集 15000 帧灰度值图像。室内模拟信道测量时, 由湍流池在大气相干长度 1~20cm 范围内生成定量大气湍流, 在 1~5cm 范围内, 每隔 0.5cm 测量五次; 在 5~10cm 范围内每隔 1cm 测量五次; 在 10~20cm 范围内每隔 2cm 测量五次。测量的主要内容为大气湍流的光强闪烁和到达角起伏效应, 观测相机一次同时完成这两个效应的测量。实验时, 为了实现该操作, 需调整透镜 L1 的位置, 使会聚的光斑存在一定程度的离焦。这样在测量光强闪烁时, 系统不容易饱和, 且提高了测量的精度; 其测量原理在 2.2.3 小节已经进行了详尽的论述, 这里就不重复介绍了。光强闪烁的测量相对简单, 只需将整个探测器面上的灰度值相加即可。但仍需注意光斑的亮度不能超过探测器所探测的阈值, 否则会在很大程度上影响测量精度。具体操作时, 调整光斑最大亮度像素点的灰度值为 200~255 即可。

5.4.2 频谱对比

在 Kolmogorov 湍流情况下，平面波和球面波的对数振幅起伏和相位起伏的理论实践频谱最大的特征就是高频段频谱密度呈 $-8/3$ 幂率[75,103]。真实大气链路的光强闪烁测量表明，大部分频谱的高频段都呈现幂率特征，但幂率在 $-11/3 \sim -8/3$ 波动。这主要是由于实际大气链路中湍流均匀性的假设、风速均匀性的假设以及冻结湍流的假设总是不能很好地成立，故实际频谱与理论频谱相比更为复杂。图中功率密度采用均方根振幅 (MSA) 进行衡量。

图 5.13(a) 是 808nm 激光在大气中传输 1km 后的一例对数光强起伏频谱，图 5.13(b) 为同样波长激光光束采用同样测量手段在室内湍流模拟装置中传输后的一例对数光强起伏频谱。为了使对比更具有效性，特选取闪烁因子相近的两例测量样本，分别为 0.045 和 0.041。

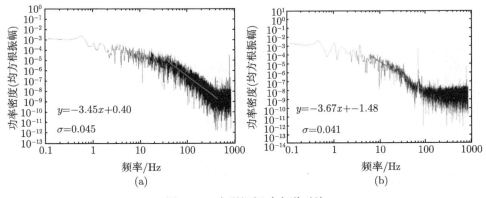

图 5.13 光强闪烁功率谱对比

(a) 真实湍流; (b) 模拟湍流

通过图 5.13 可见，真实大气的对数光强起伏频谱，在 40~400Hz 范围内，频谱呈现 $-8/3$ 幂率，当时间频率达到 400Hz 后频谱迅速下降，更高频率出现的无规律起伏为噪声引起；而湍流模拟装置所模拟湍流的对数光强起伏，其高频段仍然呈现 $-8/3$ 幂率，但其特征频率区间为 10~100Hz，较真实大气信道频率区间略低。实际上，大量的实验数据表明：由于模拟环境与野外环境相比，湍流模拟装置所模拟湍流相对稳定，故所得频谱曲线要好于实际测量条件下所得。在湍流模拟装置的全部测量样本中，大多数的测量样本功率谱高频段幂率均服从 $-8/3$ 分布，仅有少部分幂率高于 $-8/3$。同样的，与光强闪烁相同，到达角起伏的频谱特性也同样存在幂率特征。理论和实验研究表明，到达角起伏功率谱密度可以分为低频和高频两个部分，低频部分按 $-2/3$ 幂指数规律变化，高频部分按 $-11/3$ 幂指数规律变化[103]。图 5.14(a) 和图 5.15(a) 分别为 808nm 激光在 6.2km 真实大气湍流中传输 6.2km 后的 x 轴和 y 轴到达角起伏频谱，图 5.14(b) 和图 5.15(b) 则为同样波长激光光束采用同样测量手段在室内湍流模拟装置传输后的到达角起伏频谱。

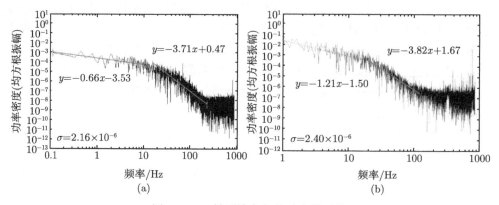

图 5.14　x 轴到达角起伏功率谱对比

(a) 真实湍流; (b) 模拟湍流

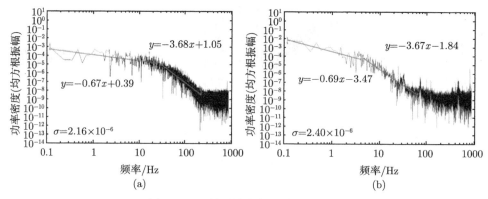

图 5.15　y 轴到达角起伏功率谱对比

(a) 真实湍流; (b) 模拟湍流

从图中可见真实大气的到达角起伏对数频谱无论在 x 轴还是 y 轴上均能很好地满足低频部分按 $-2/3$ 幂指数规律变化高频部分按 $-11/3$ 幂指数规律变化的规律。并且，大量真实大气测量数据的分析处理也表明，到达角起伏对数频谱无论在 x 轴还是 y 轴均与理论相符。而室内湍流模拟装置所模拟湍流角起伏功率谱在 y 轴上能很好地满足理论幂率，并且大量的测量结果呈现比较稳定的状态；而在 x 轴上幂指数规律出现了较大的起伏，稳定性很低。这主要是由于本实验中所使用的湍流模拟装置为热风对流式湍流模拟装置，并没有加入横向的侧风，加入横向侧风的热风对流式湍流模拟装置所模拟湍流的 x 轴到达角起伏幂率规律能否复合真实大气环境下的幂率规律仍有待于进一步实验研究。与光强闪烁相同,湍流模拟装置所模拟湍流的到达角起伏频谱的高频段区间要低于真实大气,为 10~100Hz,略低于真实大气 20~200Hz 的高频特征区间。

5.4.3 概率密度对比

大气湍流造成的光波起伏,概率密度是其统计规律最基本的描述方式。由于相位起伏是湍流介质折射率起伏的线性贡献造成的,当折射率起伏服从正态分布时,相位起伏也服从正态分布,其概率密度分布为

$$p(S) = \frac{1}{\sqrt{2\pi\sigma_S^2}} \exp\left(-\frac{S^2}{2\sigma_S^2}\right) \tag{5.15}$$

式中,σ_S^2 为相位起伏方差;S 为相位量。由于两点间的相位符合正态分布,两点间的相位差也符合正态分布,其概率密度分布为

$$p(\Delta S) = \frac{1}{\sqrt{2\pi\sigma_{\Delta S}^2}} \exp\left(-\frac{\Delta S^2}{2\sigma_{\Delta S}^2}\right) \tag{5.16}$$

式中,ΔS 为两点相位差;$\sigma_{\Delta S}^2$ 为相位差起伏方差。两点间的到达角定义如公式 (2.30) 所示,根据相位起伏服从正态分布的结论,到达角起伏必然也服从正态分布。由公式 (2.31),到达角的概率密度分布为

$$p(\theta) = \frac{1}{\sqrt{2\pi\sigma_\alpha^2}} \exp\left(-\frac{\theta^2}{2\sigma_\alpha^2}\right) \tag{5.17}$$

式中,θ 为角起伏量;σ_α^2 为到达角起伏方差。用样本的平均值对样本中的角起伏量进行归一化处理得到相对角起伏,将相对角起伏的取值范围划分为一定数目的等分区间,计算落在每个区间的相对角起伏个数,所有区间的中心值组成一个序列 $X = (X_1, X_2, \cdots, X_n)$,所有区间中相对角起伏的个数也组成一个序列 $Y = (Y_1, Y_2, \cdots, Y_n)$,分别以 X 和 Y 作为横纵坐标即可得到该样本的归一化直方图。图 5.16 和图 5.17 为归一化角起伏直方图,图 5.18 为采用同样方法得到的归一化光强闪烁直方图。图中是直方图和拟合曲线的相关系数,若用 $Z = (Z_1, Z_2, \cdots, Z_n)$ 表示拟合曲线上与 X 对应的纵坐标序列,则 R 可以表示为

$$R = \frac{\langle YZ \rangle - \langle Y \rangle \langle Z \rangle}{\sqrt{\mathrm{DY} \cdot \mathrm{DZ}}} \tag{5.18}$$

式中,DY 和 DZ 分别是序列 Y 和 Z 的方差。

图 5.16(a) 和图 5.17(a) 为真实大气环境下大气湍流 x 轴和 y 轴到达角起伏概率密度直方图。从图中可以看出真实大气的到达角起伏概率密度直方图,无论 x 轴还是 y 轴均很好地服从正态分布,相关因子 R 在 0.995 以上。

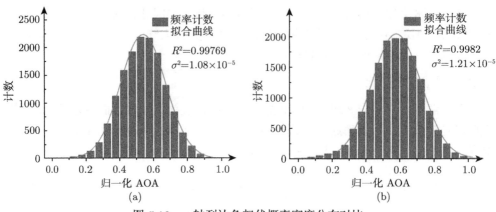

图 5.16 y 轴到达角起伏概率密度分布对比

(a) 真实湍流; (b) 模拟湍流

图 5.16(b) 和图 5.17(b) 分别为所选取的室内湍流模拟装置模拟大气湍流条件下所选取的到达角起伏方差与真实大气样本相近的样本所绘制的概率密度直方图。从图中可见在 y 轴上到达角起伏的概率分布很好地服从正态分布。但图 5.17(b) 所示的 x 轴到达角起伏概率密度分布无明显的分布规律。事实上，在大量的样本条件下，室内模拟装置的 x 轴到达角起伏概率密度函数均无很好的概率密度分布规律。这主要是由于实验所采用的热风对流湍流模拟装置无横向侧风产生装置。

相对于相位起伏和到达角起伏，光强起伏的概率密度分布问题要复杂得多。理论和研究表明有光波起伏造成的光强闪烁效应，其统计规律在弱湍流时是服从正态分布的，随着湍流的增强其服从对数正态分布；在强起伏条件下，光强闪烁服从指数分布。由于实验所用的热风对流式大气湍流模拟装置所模拟湍流的强度有限，故其所模拟湍流基本上均为弱起伏。

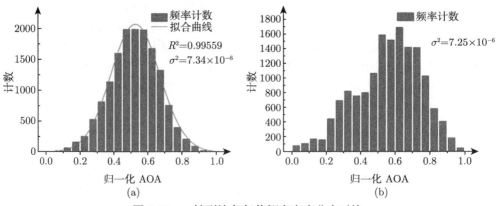

图 5.17 x 轴到达角起伏概率密度分布对比

(a) 真实湍流; (b) 模拟湍流

图 5.18(a) 为真实大气环境下测得光强闪烁概率密度直方图,图 5.18(b) 为选取闪烁因子与真实大气样本相近的湍流模拟装置样本所绘制的概率密度直方图。从图中可以看出无论是真实大气还是模拟大气其正态分布拟合的相关系数 R^2 均在 0.996 以上。这说明,大气湍流模拟装置所模拟的大气湍流产生的光强闪烁效应在概率密度分布上与真实的大气是一致的。进一步增加湍流池的长度可以得到更强的闪烁效应。由于湍流池所选取样本的闪烁因子略小于真实大气所选取样本,故湍流模拟装置样本光强闪烁概率密度直方图光强分布的幅度略大于真实样本。

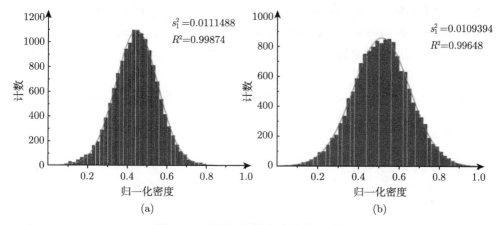

图 5.18 光强闪烁概率密度分布对比
(a) 真实湍流; (b) 模拟湍流

通过实验结果可见,对流式大气湍流模拟装置由于其产生湍流的机理与真实大气相同,所模拟的大气湍流不仅在大气相干长度 r_0、大气折射率常数 C_n^2 等参数上符合真实大气湍流的规律,在频谱特性和概率密度分布特性上也比较接近于真实的大气,可以真实地模拟大气湍流,为对流式湍流模拟装置模拟湍流的真实性提供了可靠的依据。

5.5 本章小结

为了更好地研究分析不同初始相干长度、偏振态以及螺旋相位态的激光光束在大气湍流中的传输特性和受大气湍流的影响。本章设计并制作了大气湍流模拟装置,对其原理进行了详尽的说明。给出了其所模拟大气湍流相干长度、大气折射率结构常数等参数的计算公式。

并且,采用 532nm、808nm、1064nm 以及 1550nm 四种波长激光器与检测装置对大气湍流模拟装置所模拟大气湍流的信道参数、稳定性以及与真实的大气湍流相比的等效性进行了长期的实验研究,实验结果表明:

(1) 大气模拟装置所模拟大气湍流的相干长度范围为 5~20cm，等效湍流链路长度为 1km 时，大气湍流模拟装置所能模拟的 C_n^2 最大值为 1.81×10^{16}；若模拟链路距离 L 为 10km，大气湍流模拟装置所能模拟最大 C_n^2 值为 1.81×10^{15}，光强闪烁等效距离为 661.2m。

(2) 对流式湍流模拟装置在 16cm×16cm 区域内的波动量小于 15%，不同波长条件下相干长度满足 Kolmogorov 理论，频谱波动量小于 20%。

(3) 对流式大气湍流模拟装置所模拟大气对于光强闪烁效应的模拟在频谱特性和概率密度分布特性上均与真实的大气相符。对于到达角起伏效应的模拟，在 y 轴方向上，频谱特性与概率密度特性均与真实大气相符；但在 x 轴方向上，由于模拟装置缺少横向侧风产生装置，频谱特性与概率密度特性均与真实大气有区别，概率密度分布无明显规律。

综上所述，本章所用大气湍流模拟装置可以对大气湍流进行高可控性、高等效性的模拟。为接下来不同初始参数激光光束在不同大气条件下传输特性的研究提供了有效的信道基础。

第6章 不同初始特性激光光束受大气湍流影响的研究

第 2 章对高斯光束在大气湍流中传输时，受到大气湍流的影响而产生的光强闪烁、到达角起伏以及光斑漂移等效应进行了详尽的理论与实验研究，得出了其闪烁因子、到达角起伏方差以及光斑漂移方差等参数的日变化规律、季节变化规律、随大气湍流强度变化的规律、频谱特性以及概率密度特性。本章将采用第 5 章所设计并标定的大气湍流模拟装置对不同初始相干特性、偏振态以及螺旋相位特性的激光光束抑制大气湍流性能进行实验分析。

6.1 不同相干度激光光束受大气湍流影响的情况研究

6.1.1 部分相干光束在大气湍流中的传输理论

通常，将具有高斯形式的部分相干光称为 Gaussian-Schell 光束 (GSM)，由于其特殊的形式，便于进行理论运算。目前，大部分的研究人员都将研究重点集中在此，本节采用 GSM 光束作为模型推导 GSM 光束在大气湍流的影响下，闪烁因子的表达式。

第 4 章已经给出了 GSM 光束的描述方式，若采用相位屏模型来对 GSM 光束在湍流大气中的传输特性进行研究，则经过湍流后，接收端光敏面的光场可以表示为

$$U(r,L) = U_0(r,L)\exp[\Psi_s(r,L)]\exp[\psi_1(r,L)+\psi_2(r,L)] \tag{6.1}$$

式中，$\Psi_s(r,L)$ 为加入的相位扰动；$\psi_1(r,L)$ 为由大气所引起的一阶扰动；$\psi_2(r,L)$ 为二阶扰动。假设由大气湍流和所加入的相位引起的扰动相互独立，则此时光场可以表示为

$$\Gamma_2(r_1,r_2,L) = \Gamma_{\text{pp,diff}}(r_1,r_2,L)\Gamma_{\text{atm}}(r_1,r_2,L) \tag{6.2}$$

其中，

$$\Gamma_{\text{pp,diff}}(r_1,r_2,L) = \frac{W_0^2}{W^2(1+4\Lambda q_c)}\exp\left[\frac{ik}{L}\left(\frac{1-\Theta+4\Lambda q_c}{1+4\Lambda q_c}\right)pr\right]$$

$$\times \exp\left[-\frac{2r^2+p^2/2}{W^2(1+4\Lambda q_c)}\right]\exp\left[-\left(\frac{\Theta^2+\Lambda^2}{1+4\Lambda q_c}\right)\left(\frac{p^2}{l_c^2}\right)\right] \tag{6.3}$$

$$\varGamma_{\text{atm}}(r_1,r_2,L) = \varGamma_0^2(r_1,r_2,L)\exp[\sigma_r^2(r_1,L)+\sigma_r^2(r_2,L)-T]\exp\left[-\frac{1}{2}\Delta(r_1,r_2,L)\right] \tag{6.4}$$

对于 GSM 光束,其复相干度可以表示为[106]

$$\text{DOC}(r_1,r_2,L) = \exp\left[-\frac{1}{2}D(r_1,r_2,L)\right] \tag{6.5}$$

式中,D 为接收孔径。将公式 (6.3) 和公式 (6.4) 代入公式 (6.5) 中,假设观测点 r_1 和 r_2 为中心对称的,且采用 K 谱作为信道模型,公式 (6.5) 可转化为

$$\text{DOC}(\rho,L) = \exp\left[-\left(\frac{\varTheta^2+\varLambda^2}{1+4\varLambda q_c}\right)\frac{\rho^2}{l_c^2}+\left(\frac{\rho}{\rho_0}\right)^{5/3}\right] \tag{6.6}$$

式中,$\varTheta$ 和 $\varLambda$ 均为高斯光束输出的参数;ρ_0 为高斯光束的相干长度,其表达式为

$$\rho_0 = \left[\frac{8}{3(a+0.62\varLambda)^{11/6}}\right]^{3/5}(1.46C_n^2 k^2 L)^{-3/5}, \quad l_0<\rho_0<L_0 \tag{6.7}$$

$$a = \begin{cases} \dfrac{1-\varTheta^{8/3}}{1-\varTheta}, & \varTheta \geqslant 0 \\ \dfrac{1-|\varTheta|^{8/3}}{1-\varTheta}, & \varTheta \leqslant 0 \end{cases} \tag{6.8}$$

作一下近似处理,$(\rho/\rho_0)^{5/3}\cong(\rho/\rho_0)^2$,通过公式 (6.5) 可以得出 $\rho_{0,\text{eff}}$ 的表达式:

$$\rho_{0,\text{eff}} = \left[\frac{\varTheta^2+\varLambda^2}{l_c^2(1+4\varLambda q_c)}+\frac{1}{\rho_0^2}\right]^{1/2} \tag{6.9}$$

式中,$q_c=L/(kl_c^2)$,和上面相同,假设观测点 r_1 和 r_2 为中心对称的,则接收端的平均光强分布可以表示为

$$\langle I(r,L)\rangle = \frac{W_0^2}{W_{\text{eff}}^2}\exp\left(-\frac{2r^2}{W_{\text{eff}}^2}\right) \tag{6.10}$$

式中,W_{eff} 为有效的光束宽度:

$$W_{\text{eff}} = W\sqrt{1+4\varLambda q_c+1.33\sigma_R^2\varLambda^{5/6}} \tag{6.11}$$

式中,W 为真空中高斯光束传播时的光束宽度;σ_R^2 为 Rytov 方差。对公式 (2.19) 进行变量替换,便可以得到 GSM 光束在轴上的闪烁因子表达式[107]:

$$\sigma_{\text{I,atm}}^2(0,L) \equiv \sigma_B^2 = 3.86\sigma_R^2\text{Re}\left[i^{5/6}{}_2F_1\left(-\frac{5}{6};\frac{11}{6};\frac{17}{6};1-\varTheta+i\varLambda_e\right)-\frac{11}{16}\varLambda_e^{5/6}\right] \tag{6.12}$$

6.1 不同相干度激光光束受大气湍流影响的情况研究

若为强起伏条件,则采用扩展的 Rytov 近似强起伏条件下的光轴上的闪烁指数可以表示为 [107]

$$\sigma_{\mathrm{I,atm}}^2(0,L) = \exp\left\{\frac{0.49\sigma_B^2}{[1+0.56(2-\Theta_e)\sigma_B]^{12/5}} + \frac{0.51\sigma_B^2}{(1+0.69\sigma_b^{12/5})^{5/6}}\right\} - 1 \qquad (6.13)$$

6.1.2 部分相干光束在大气湍流中传输的实验研究

通过第 3 章中长期的实验研究可知,激光光束在大气湍流环境中进行传播时,湍流会使激光光束产生光强闪烁、到达角起伏以及光斑漂移等现象,但这三种现象对激光通信的影响更直接地体现在激光通信系统接收端光敏面上的强度起伏。针对这种情况,本节将着重研究不同湍流条件下不同相干长度激光光束抑制大气湍流光强闪烁效应的能力。

实验的发射装置为 4.6 节中设计制作的多参数可调发射装置,如图 6.1 所示,发射波长 808nm,在本节实验中将对光束进行相干度的调制。接收端装置如图 6.2 所示。在接收端,采用 210mm 口径望远系统对光束进行缩束。经过缩束的激光光束由分光棱镜进行分束。一束光经由透镜会聚到观测相机光敏面上,采用相机测量经过湍流介质传输后部分相干光束的闪烁因子;另一束光经由透镜会聚到 PIN 型光电探测器的光敏面上进行闪烁因子的测量。实验信道采用第 5 章所论述的热风对流大气湍流模拟装置对大气湍流进行模拟,关于其所模拟大气湍流的等效性与正确性在第 5 章中已有详尽的论述,这里不再进行说明。

图 6.1 发射端装置图

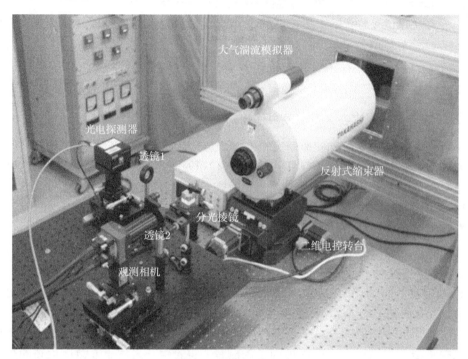

图 6.2 接收端装置图

实验时，选取湍流模拟装置模拟稳定性较高的区间 (相干长度 5~15cm) 进行实验。从相干长度 15cm 开始，每隔 1cm 进行 10 次测量，每次观测相机以 2000Hz 的速率采集 15000 帧图像用于计算。直至大气湍流模拟装置所模拟湍流相干长度为 5cm 为止。这里选择从相干长度为 15cm 到 5cm 为止，主要是由于大气湍流模拟装置进行湍流模拟的根本原理为制造上下表面温度差，更小的相干长度意味着更大温差，对于湍流模拟装置来说温差从小到大比较容易，且速度较快，从大到小则需要很长的时间，出于这种考虑选择从 15cm 到 5cm 的测量方式。实验中所采用设备的详细参数如表 6-1 所示。

由于湍流模拟装置具有重复性好的优势，故不同相干长度光束可分别进行测量，每次均采用上述方法从相干长度为 15cm 至相干长度为 5cm 为止。实验中，所选相干长度值分别为 3mm、18mm、30mm 以及完全相干激光光束。

首先，将不同相干长度激光光束在不同大气相干长度下所测得的闪烁因子值剔除干扰结果的粗大误差后取平均值，制成图 6.3。从图可见，随着湍流的减弱，即大气相干长度的增长，不同相干长度的激光光束受湍流影响所产生的强度闪烁效应均呈减弱趋势。图中黑色曲线为完全相干光，在整个相干长度范围内，其闪烁因子均为四种光束中的最大值。

6.1 不同相干度激光光束受大气湍流影响的情况研究

表 6-1 实验装置参数

端口变量		参数值
发射端	发射口径	150mm
	发射功率	50mW
	束散角	50μrad
	光束相干长度	3mm/18mm/30mm/∞
信道端	相干长度	1~40cm
	强度频率范围	100Hz
	特征速度	>0.1m/s
	湍流强度稳定性	15%
接收端	接收口径	210mm
	图像传感器	CMOS
	像元尺寸	14μm
	相机分辨率	320×320(2×2binning+开窗口)
	相机采样频率	2000Hz
	探测器材料	InGaAs
	噪声功率	0.45W
	3dB 带宽	1GHz

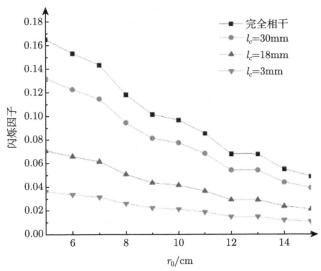

图 6.3 不同相干长度激光光束受湍流影响情况

随着相干长度的减小，激光光束受大气湍流影响所产生的光强闪烁效应越来越小。对于相干长度为 3mm 的激光光束，其在大气相干长度为 5cm 时的闪烁因子为 0.038 左右，而完全相干光此时已经达到 0.16 以上，两者相差四倍以上。这与理论研究较为相符，图 6.4 为大气相干长度为 5cm 时，分别选取四种激光光束不同相干长度的四个独立测量样本所拟合出的强度起伏曲线。其中黑色为完全相干光曲线，红色为相干长度为 30mm 光束的强度起伏曲线，蓝色和粉色分别为相干长度为 18mm 和 3mm 激光光束的单次测量光强曲线。从图中可以看出，部分相干光与完全相干光相比，不仅在闪烁因子这类统计量上小于完全相干光，其光强闪烁的强度波动量也小于完全相干光。并且，随着相干长度的减小，强度闪烁的波动量逐步减小。

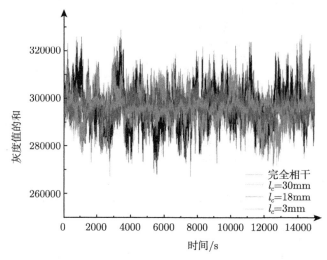

图 6.4　光强起伏对比图 (后附彩图)

6.2　不同偏振态激光光束受大气湍流影响的情况研究

6.2.1　不同偏振态光束在大气湍流中的传输理论

在初始处即 $z=0$ 处的光束的光谱强度表达式为

$$S(x,0) = S_0 \exp\left[-\frac{x^2}{w_0^2}\right] \tag{6.14}$$

式中，S_0 为常数；w_0 为光束在初始处的光束束腰直径。光束的谱相干函数可以表示为

$$\mu(x_{10}, x_{20}, 0) = \exp\left[-\frac{(x_{10} - x_{20})^2}{2\delta_0^2}\right] \tag{6.15}$$

式中，δ_0 为光束在初始点处的空间相干长度；x_{10}、x_{20} 分别为原点处不同两点的径向矢量坐标。根据交叉谱密度函数的定义，可以将入射面光束表示为

$$W(x_{10}, x_{20}, 0, w) = \sqrt{S(x_{10}, 0)}\sqrt{S(x_{20}, 0)}\mu(x_{10}, x_{20}, 0) \tag{6.16}$$

6.2 不同偏振态激光光束受大气湍流影响的情况研究

将公式 (6.14)、公式 (6.15) 代入公式 (6.16) 中可以得到

$$W(x_{10}, x_{20}, 0, w) = S_0 \exp\left[-\frac{x_{10}^2 + x_{20}^2}{w_0^2}\right] \exp\left[-\frac{(x_{10} - x_{20})^2}{2\delta_0^2}\right] \tag{6.17}$$

接着采用 A、B、C、D 矩阵对光束的传播进行分析，通过 Collins 公式可以推导出光束传输 l 后时域场二维分布的表达式：

$$E(x, y, z) = \left(\frac{\mathrm{i}}{\lambda B}\right) \exp(-\mathrm{i}kl) \iint E(x', y') \\ \times \exp\left\{-\frac{\mathrm{i}k}{2B}[A(x'^2 + y'^2) + D(x^2 + y^2) - 2(xx' + yy')]\right\} \mathrm{d}x' \mathrm{d}y' \tag{6.18}$$

转为一维形式：

$$E(x, z) = \sqrt{\frac{\mathrm{i}}{\lambda B}} \int E(x_0, z = 0) \times \exp\left\{-\frac{\mathrm{i}\pi}{\lambda B}[Ax_0^2 - 2x_0 x + Dx^2] + \varphi(x_0, x)\right\} \mathrm{d}x_0 \tag{6.19}$$

式中，$\varphi(x_0, x)$ 为大气湍流对光束波前相位影响的随机相位因子。若假设光束的偏振形式为线偏振，偏振方向与 x 轴夹角为 θ，则其对应的琼斯矩阵为

$$\begin{bmatrix} \cos^2\theta & \frac{1}{2}\sin 2\theta \\ \frac{1}{2}\sin 2\theta & \sin^2\theta \end{bmatrix} \tag{6.20}$$

此时，线偏振光偏振光学系统的 A、B、C、D 表达式为

$$\begin{bmatrix} A & B \\ C & D \end{bmatrix} = \begin{bmatrix} 1 & Z \\ 0 & 1 \end{bmatrix} \begin{bmatrix} \cos^2\theta & \frac{1}{2}\sin 2\theta \\ \frac{1}{2}\sin 2\theta & \sin^2\theta \end{bmatrix}$$

$$= \begin{bmatrix} \cos^2\theta + \frac{z}{2}\sin 2\theta & \frac{1}{2}\sin 2\theta + z\sin^2\theta \\ \frac{1}{2}\sin 2\theta & \sin^2\theta \end{bmatrix} \tag{6.21}$$

将公式 (6.21) 代入公式 (6.19) 中，便可以得到线偏振激光光束采用近轴 A、B、C、D 光学系统传输时，在传播距离 z 处的场分布：

$$E(x, z) = \sqrt{\frac{\mathrm{i}}{\lambda\left(\frac{1}{2}\sin 2\theta + z\sin^2\theta\right)}} \int E(x_0, z = 0) \\ \times \exp\left\{-\frac{\mathrm{i}\pi}{\lambda\left(\frac{1}{2}\sin 2\theta + z\sin^2\theta\right)}\left[\left(\cos^2\theta + \frac{z}{2}\sin 2\theta\right)x_0^2 - 2x_0 x + x^2\sin^2\theta\right]\right.$$

$$+ \varphi(x_0, x) \bigg\} \mathrm{d}x_0 \tag{6.22}$$

这里采用推广的惠更斯–菲涅尔原理可以推导出光束传播 l 距离后，交叉谱密度的表达式[108,109]：

$$\begin{aligned} W(x,y,z,w) &= \langle E(x,z)E^*(y,z) \rangle \\ &= \frac{1}{\lambda B} \iint \langle E(x_0,0)E^*(y_0,0) \rangle \\ &\quad \times \exp\left\{ -\frac{\mathrm{i}\pi}{\lambda B}[A(x_0^2 - y_0^2) - 2(x_0 x - y_0 y) + D(x^2 - y^2)] \right\} \\ &\quad \times \langle \exp[\varphi(x_0,x) + \varphi^*(y_0,y)] \rangle_m \mathrm{d}x_0 \mathrm{d}y_0 \end{aligned} \tag{6.23}$$

式中，x_1, x_2 为光轴上两点在 $z = l$ 处的矢量径向坐标，$\langle \exp[\varphi(x_0,x) + \varphi^*(y_0,y)] \rangle_m$ 为系统平均[110]。若采用 Rytov 相位结构函数进行二次近似，则可以表示为

$$\langle \exp[\varphi(x_0,x)+\varphi^*(y_0,y)] \rangle_m = \exp\left[-\frac{(x_{10}-x_{20})^2 + (x_{10}-x_{20})(x_1'-x_2) + (x_1-x_x)^2}{\rho_0^2} \right] \tag{6.24}$$

式中，ρ_0 为球面波在大气湍流中传输时大气湍流的相干长度，其表达式为[111]

$$\rho_0 = (0.545 C_n^2 k^2 z)^{3/5} \tag{6.25}$$

式中，C_n^2 为大气折射率结构常数。采用积分公式：

$$\begin{aligned} &\int_{-\infty}^{+\infty} \exp[-(x-y)^2] \mathrm{d}x = \pi^{1/2} \\ &\int_{-\infty}^{+\infty} \exp[-px^2 \pm 2qx] \mathrm{d}x = \sqrt{\frac{\pi}{p}} \exp\left[\frac{q^2}{p}\right] \end{aligned} \tag{6.26}$$

若 $x_1 = x_2 = x$，可以推导出偏振光束在大气湍流中光谱强度的表示式，即光场点谱密度函数的表达式：

$$I = S(x,z) = W(x,x,z) = S_0 \frac{\pi}{\lambda B} \times \frac{1}{\sqrt{p_1 m_1}} \times \exp\left[\left(\frac{q_1^2}{p_1} + \frac{m_2^2}{m_1}\right) x^2\right] \tag{6.27}$$

式中

6.2 不同偏振态激光光束受大气湍流影响的情况研究

$$p_1 = p_2 = \frac{1}{w_0^2} + \frac{1}{2\delta_0^2} + \frac{i\pi}{\lambda B}A + \frac{1}{\rho_0^2}$$

$$q_1 = \frac{i\pi}{\lambda B}$$

$$m_1 = p_2 - \frac{\left(\frac{1}{2\delta_0^2} + \frac{1}{\rho_0^2}\right)^2}{p_1} \tag{6.28}$$

$$m_2 = -\frac{i\pi}{\lambda B} + \frac{q_1}{p_1}\left(\frac{1}{2\delta_0^2} + \frac{1}{\rho_0^2}\right)$$

根据二阶矩宽度的定义，光谱强度的 x 方向二阶矩表达式为

$$W_1^2 = \frac{4\int_{-\infty}^{\infty} x^2 S(x,z,\omega)\mathrm{d}x}{\int_{-\infty}^{\infty} S(x,z,\omega)\mathrm{d}x} \tag{6.29}$$

代入公式 (6.27) 中

$$W_1^2 = \frac{\lambda^2 B^2}{2\pi^2}\left(\frac{1}{cw_0^4} - \frac{2}{w_0^2} + \frac{\pi^2 A^2}{c\lambda^2 B^2}\right)$$

$$= \frac{\lambda^2\left(\frac{1}{2}\sin 2\theta + z\sin^2\theta\right)^2}{2\pi^2}\left[\frac{1}{cw_0^4} - \frac{2}{w_0^2} + \frac{\pi^2\left(\cos^2\theta + \frac{z}{2}\sin 2\theta\right)^2}{c\lambda^2\left(\frac{1}{2}\sin 2\theta + z\sin^2\theta\right)^2}\right] \tag{6.30}$$

式中

$$c = \frac{1}{2\delta_0^2} + \frac{1}{\rho_0^2} \tag{6.31}$$

通过公式 (6.31) 可以得到偏振激光光束在湍流中传输的光斑半径表达式：

$$W_1 = \frac{\lambda B}{\sqrt{2\pi}}\sqrt{\frac{1}{cw_0^4} - \frac{2}{w_0^2} + \frac{\pi^2 A^2}{c\lambda^2 B^2}}$$

$$= \frac{\lambda\left(\frac{1}{2}\sin 2\theta + z\sin^2\theta\right)}{\sqrt{2\pi}}\sqrt{\frac{1}{cw_0^4} - \frac{2}{w_0^2} + \frac{\pi^2\left(\cos^2\theta + \frac{z}{2}\sin 2\theta\right)^2}{c\lambda^2\left(\frac{1}{2}\sin 2\theta + z\sin^2\theta\right)^2}} \tag{6.32}$$

同样的，可以推导出偏振激光光束在大气湍流中传输时光斑重心坐标的表达

式[112]：

$$\overline{x} = \frac{\int xS(x,z)\mathrm{d}x}{\int S(x,z)\mathrm{d}x} \tag{6.33}$$

将公式 (6.27) 代入公式 (6.33) 中可得

$$\overline{x} = \frac{\lambda^2 \left(\frac{1}{2}\sin 2\theta + z\sin^2\theta\right)^2}{2\sqrt{2}(\pi)^{3/2}} \left[\frac{1}{cw_0^4} - \frac{2}{w_0^2} + \frac{\pi^2\left(\cos^2\theta + \frac{z}{2}\sin 2\theta\right)^2}{c\lambda^2\left(\frac{1}{2}\sin 2\theta + z\sin^2\theta\right)^2}\right] \tag{6.34}$$

式中

$$c = \frac{1}{2\delta_0^2} + \frac{1}{\rho_0^2} \tag{6.35}$$

6.2.2　不同偏振态光束在大气湍流中传输的实验研究

为了分析研究不同偏振态激光光束抑制大气湍流影响的能力，在本节中同样采用第 5 章所标定的大气湍流模拟装置进行了多次实验。和 6.1 节中一样，着重研究不同湍流条件下不同偏振态激光光束抑制大气湍流光强闪烁效应的能力。

实验的发射装置为 4.6 节中设计制作的多参数可调发射装置，发射波长 808nm，在本实验中对光束的偏振态进行调制。接收端采用与 6.1 节中图 6.2 相同的接收装置。在接收端，采用 210mm 口径望远系统对光束进行缩束。经过缩束的激光光束由分光棱镜进行分束。一束光经由透镜会聚到观测相机光敏面上，采用相机测量经过湍流介质传输后部分相干光束的闪烁因子；另一束光经由透镜会聚到 PIN 型光电探测器的光敏面上进行闪烁因子的测量。实验信道采用第 5 章所论述的热风对流大气湍流模拟装置对大气湍流进行模拟。实验中所采用设备的详细参数如表 6-2 所示。

实验时，选取湍流模拟装置湍流模拟稳定性较高的区间（相干长度 5~15cm）进行实验。从相干长度为 15cm 开始，每隔 1cm 进行 10 次测量，每次观测相机以 2000Hz 的速率采集 15000 帧图像用于计算。直至大气湍流模拟装置所模拟湍流相干长度为 5cm 为止。对不同偏振态光束分别进行测量，每种偏振态均从相干长度为 15cm 开始测量至相干长度为 5cm 为止。实验中，所选光束偏振态为 15° 偏振角线偏振光、30° 偏振角线偏振光、45° 偏振角线偏振光、60° 偏振角线偏振光、75° 偏振角线偏振光、左旋圆偏振光、右旋圆偏振光以及非偏振激光光束。

图 6.5 为 15° 偏振角线偏振、30° 偏振角线偏振、45° 偏振角线偏振、60° 偏振角线偏振、75° 偏振角线偏振及非偏振激光光束在不同大气信道环境下闪烁因子值剔除干扰结果的粗大误差后取平均值的结果。如图所示，不同偏振角线偏振激光

6.2 不同偏振态激光光束受大气湍流影响的情况研究

表 6-2 实验装置参数

端口变量		参数值
发射端	发射口径	150mm
	发射功率	50mW
	束散角	50μrad
	光束偏振态	线偏振/圆偏振
	线偏振光偏振角	15°/30°/45°/60°/75°
信道端	相干长度	1~40cm
	强度频率范围	>100Hz
	特征速度	>0.1m/s
	湍流强度稳定性	15%
接收端	接收口径	210mm
	图像传感器	CMOS
	像元尺寸	14μm
	相机分辨率	320×320(2×2binning+ 开窗口)
	相机采样频率	2000Hz
	探测器材料	InGaAs
	噪声功率	0.45W
	3dB 带宽	1GHz

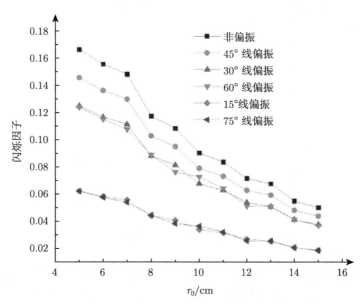

图 6.5 不同偏振角线偏振光光强闪烁因子

光束在湍流中传输时,其闪烁因子均随着大气湍流的增强 (即相干长度减小) 而增大。当偏振角 $45° \leqslant \theta < 90°$ 时,光束经过大气湍流传输后的闪烁因子随着偏振角

的增大而减小;当偏振角 $0° < \theta < 45°$ 时,光束经过大气湍流传输后的闪烁因子随着偏振角的减小而减小。这说明线偏振的激光光束在大气湍流中传输时,在同样的信道环境下,当偏振角 $45° \leqslant \theta < 90°$ 时,大气湍流对激光光束闪烁因子的影响逐步变小。但当偏振角 $0° < \theta < 45°$ 时,大气湍流对激光光束闪烁因子的影响逐步变大,偏振角 $\theta = 45°$ 为中心点。并且,从图中可见对于偏振角为 $30°$ 和 $60°$ 激光光束,其闪烁因子随大气湍流强度的变化趋势基本相同;同样的,对于偏振角为 $15°$ 和 $75°$ 激光光束,其闪烁因子随大气湍流强度的变化趋势也基本相同,即闪烁因子随湍流强度的变化呈现出关于 $45°$ 偏振角对称的现象。

图 6.6 分别为左旋圆偏振激光光束和右旋圆偏振激光光束在不同大气信道环境下闪烁因子值剔除干扰结果的粗大误差后取平均值后的结果。从图中可见,左旋圆偏振和右旋圆偏振激光光束,其光强闪烁因子随湍流强度的变化趋势也基本相同。可见不同旋向激光光束受大气湍流影响的情况基本相同。与线偏振激光光束相比,左旋圆偏振光和右旋圆偏振光在相同的大气湍流强度下其光强闪烁因子均小于任何偏振角度的线偏振光。

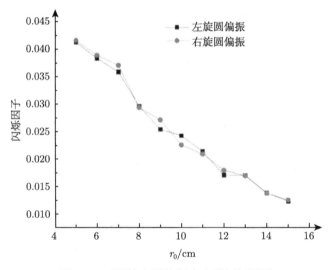

图 6.6 不同旋向圆偏振光光强闪烁因子

图 6.7 为大气相干长度为 5cm 时,分别选取四种偏振态激光光束的四个独立测量样本所拟合出的强度起伏曲线。其中黑色为非偏振曲线,红色为 $45°$ 偏振角线偏振光光束的强度起伏曲线,蓝色为 $30°$ 偏振角线偏振光光束的强度起伏曲线,粉色为 $15°$ 偏振角线偏振光光束的强度起伏曲线,绿色为左旋圆偏振激光光束的强度起伏曲线。从图中可以发现对于单次测量的强度起伏波动量,非偏振光最大,左旋圆偏振光最小,$45°$ 偏振角线偏振光 $>30°$ 偏振角线偏振光 $>15°$ 偏振角线偏

振光。可见圆偏振光对于由大气湍流所引起的光强闪烁效应，抑制效果最好。

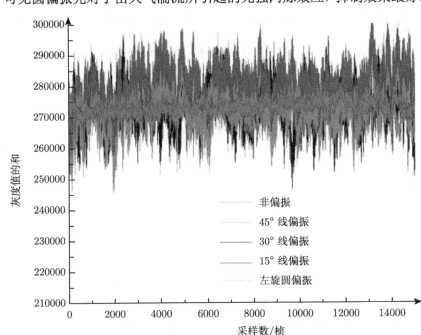

图 6.7 光强起伏对比图 (后附彩图)

6.3 不同拓扑电荷数涡旋光束受大气湍流影响的情况研究

6.3.1 不同拓扑电荷数涡旋光束在大气湍流中的传输理论

在光源的初始平面，即 $z=0$，若满足旁轴近似，光源从光源的初始平面沿着 z 轴的正方向在大气湍流中进行传输，则在初始光源平面内，其交叉谱密度函数可以表示为[113]

$$W(r_1, r_2, 0, \omega) = \langle E(r_1, 0, \omega) \rangle \langle E^*(r_2, 0, \omega) \rangle \tag{6.36}$$

式中，r_1 和 r_2 为 $z=0$ 平面内任意位置的二维矢量；ω 为激光光束的角频率；$E(r,0,\omega)$ 为 $z=0$ 平面内光束电场的分量；$\langle\ \rangle$ 表示统计平均。这里采用具有螺旋相位的 GSM 光束作为初始光源模型，其交叉谱密度函数的表达式为

$$W(r_1, r_2, 0, \omega) = I_0 \exp\left(-\frac{r_1^2 + r_2^2}{\sigma^2}\right) \exp\left[-\frac{(r_1 - r_2)^2}{l_c^2}\right] \exp\left[-\mathrm{i}n(\theta_1 - \theta_2)\right] \tag{6.37}$$

式中，r_1 和 r_2 为初始平面内位置的二维矢量 r_1 和 r_2 的模；θ_1 和 θ_2 为初始平面内位置的二维矢量 r_1 和 r_2 的相角；σ 为初始光源尺寸，l_c 为初始光源的相干长

度；n 为涡旋光束的拓扑电荷数；I_0 为常量。根据广义惠更斯–菲涅耳原理，涡旋光束在大气湍流中传输一定的距离后，其光场的交叉谱密度函数表达式为[114-116]

$$W(\rho_1,\rho_2,z,\omega)=\frac{k^2}{4\pi^2z^2}\int_{-\infty}^{\infty}\int_{-\infty}^{\infty}\int_{-\infty}^{\infty}\int_{-\infty}^{\infty}W(r_1,r_2,0,\omega)$$

$$\times\exp\left[-\frac{\mathrm{i}k}{2z}(r_1-\rho_2)^2+\frac{\mathrm{i}k}{2z}(r_2-\rho_2)^2\right]$$

$$\times\langle\exp[\Psi(r_1,\rho_1,z;\omega)+\Psi^*(r_2,\rho_2,z;\omega)]\rangle\mathrm{d}^2r_1\mathrm{d}^2r_2 \quad (6.38)$$

式中[115]

$$\langle\exp[\Psi(r_1,\rho_1,z;\omega)+\Psi^*(r_2,\rho_2,z;\omega)]\rangle=\exp[-0.5D\psi(r_1-r_2)]$$
$$=\exp\left[-\frac{1}{\rho_0^2}(r_1-r_2)^2\right] \quad (6.39)$$

式中，$D\psi(r_1-r_2)$ 为相位结构函数；$\rho_0=(0.545C_n^2k^2z)^{-3/5}$ 为光波是球面波时，光束在大气湍流中传输时的大气相干长度，这里采用大气折射率结构函数 C_n^2 来表征湍流的强弱。

这里将公式 (6.37) 和公式 (6.39) 代入公式 (6.38) 中得到

$$W(\rho_1,\rho_2,\phi_1,\phi_2,z)=I_0\frac{k^2}{4\pi^2z^2}\exp\left[-\frac{\mathrm{i}k}{2z}(\rho_1^2-\rho_2^2)\right]$$

$$\times\int_{-\infty}^{\infty}\int_{-\infty}^{\infty}\int_{-\infty}^{\infty}\int_{-\infty}^{\infty}\exp\left[-\frac{\mathrm{i}k}{2z}(r_1^2-r_2^2)\right]$$

$$\times\exp\left[-\left(\frac{1}{\sigma^2}+\frac{1}{l_c^2}+\frac{1}{\rho_0^2}\right)(r_1^2+r_2^2)\right]$$

$$\times\exp\left[\frac{\mathrm{i}kr_1\rho_1}{z}\cos(\phi_1-\theta_1)\right]\exp\left[\frac{\mathrm{i}kr_2\rho_2}{z}\cos(\phi_2-\theta_2)\right]$$

$$\times\exp\left[2r_1r_2\left(\frac{1}{l_c^2}+\frac{1}{\rho_0^2}\right)\cos(\theta_1-\theta_2)\right]$$

$$\times\exp[-\mathrm{i}n(\theta_1-\theta_2)]r_1r_2\mathrm{d}r_1\mathrm{d}r_2\mathrm{d}\theta_1\mathrm{d}\theta_2 \quad (6.40)$$

利用下面的公式：

$$\exp\left[\frac{\mathrm{i}k\rho r}{z}\cos(\phi-\theta)\right]=\sum_{l=-\infty}^{\infty}\mathrm{i}^lJ_1\frac{k\rho r}{z}\exp[\mathrm{i}l(\phi-\theta)] \quad (6.41)$$

$$\int_0^{2\pi}\exp\left[-\mathrm{i}n\theta_1+\frac{2r_1r_2}{l_c^2}\cos(\theta_1-\theta_2)\right]\mathrm{d}\theta_1=2\pi\exp(-\mathrm{i}n\theta_2)I_n\left(\frac{2r_1r_2}{l_c^2}\right) \quad (6.42)$$

6.3 不同拓扑电荷数涡旋光束受大气湍流影响的情况研究

$$\int_0^{2\pi} \exp(\mathrm{i}m\theta)\mathrm{d}\theta = \begin{cases} 2\pi & (m=0) \\ 0 & (m\neq 0) \end{cases} \tag{6.43}$$

可将公式 (6.40) 化简为

$$\begin{aligned} W(\rho_1,\rho_2,\phi_1,\phi_2,z) = & I_0 \frac{k^2}{z^2} \exp\left[-\frac{\mathrm{i}k}{2z}(\rho_1^2-\rho_2^2)\right] \\ & \times \sum_{l=-\infty}^{\infty} \int_0^{\infty}\int_0^{\infty} \exp\left[-\left(\frac{1}{\sigma^2}+\frac{1}{l_c^2}+\frac{1}{\rho_0^2}\right)(r_1^2+r_2^2)\right] \\ & \times \exp\left[-\frac{\mathrm{i}k}{2z}(r_1^2-r_2^2)\right] \\ & J_1\left(\frac{k\rho_1 r_1}{z}\right) J_1\left(\frac{k\rho_2 r_2}{z}\right) I_{l+n}\left(\frac{2r_1 r_2}{l_c^2}+\frac{2r_1 r_2}{\rho_0^2}\right) \\ & \times \exp[-\mathrm{i}l(\phi_1-\phi_2)] r_1 r_2 \mathrm{d}r_1 \mathrm{d}r_2 \end{aligned} \tag{6.44}$$

令 $\rho_1=\rho_2, \phi_1=\phi_2$ 可以得到接收端光强的分布函数:

$$\begin{aligned} I(\rho,z) = & I_0 \frac{k^2}{z^2} \exp\left[-\frac{\mathrm{i}k}{2z}(\rho_1^2-\rho_2^2)\right] \\ & \times \sum_{l=-\infty}^{\infty} \int_0^{\infty}\int_0^{\infty} \exp\left[-\left(\frac{1}{\sigma^2}+\frac{1}{l_c^2}+\frac{1}{\rho_0^2}\right)(r_1^2+r_2^2)\right] \exp\left[-\frac{\mathrm{i}k}{2z}(r_1^2-r_2^2)\right] \\ & \times J_1\left(\frac{k\rho_1 r_1}{z}\right) J_1\left(\frac{k\rho_2 r_2}{z}\right) I_{l+m}\left(\frac{2r_1 r_2}{l_c^2}+\frac{2r_1 r_2}{\rho_0^2}\right) r_1 r_2 \mathrm{d}r_1 \mathrm{d}r_2 \end{aligned} \tag{6.45}$$

6.3.2 不同拓扑电荷数涡旋光束在大气湍流中传输的实验研究

本节中仍然采用第 5 章所标定的大气湍流模拟装置对大气信道进行模拟并进行实验,着重研究不同湍流条件下不同拓扑电荷数涡旋光束抑制大气湍流光强闪烁效应的能力。实验的发射装置为 4.6 节中设计制作的多参数可调发射装置,发射波长 808nm,在本实验中对光束进行拓扑电荷数的调制。接收端采用与 6.1 节中图 6.2 相同的接收装置,采用 210mm 口径望远系统对光束进行缩束。经过缩束的激光光束由分光棱镜进行分束。一束光经由透镜会聚到观测相机光敏面上,采用相机测量经过湍流介质传输后涡旋光束的闪烁因子;另一束光经由透镜会聚到 PIN 型光电探测器的光敏面上进行闪烁因子的测量。实验信道采用第 5 章所述热风对流大气湍流模拟装置对大气湍流进行模拟,关于其所模拟大气湍流的等效性与正确性在第 5 章中已有详尽的论述,这里不再进行说明。实验中所采用设备的详细参数如表 6-3 所示。

表 6-3 实验装置参数

端口变量		参数值
发射端	发射口径	150mm
	发射功率	50mW
	束散角	50μrad
	拓扑电荷数	$m=1/2/4$
信道端	相干长度	1~40cm
	强度频率范围	100Hz
	特征速度	>0.1m/s
	湍流强度稳定性	15%
接收端	接收口径	210mm
	图像传感器	CMOS
	像元尺寸	14μm
	相机分辨率	320×320(2×2binning+ 开窗口)
	相机采样频率	2000Hz
	探测器材料	InGaAs
	噪声功率	0.45W
	3dB 带宽	1GHz

实验时,选取湍流模拟装置模拟稳定性较高的区间 (相干长度 5~15cm) 进行实验。从相干长度为 15cm 开始,每隔 1cm 进行 10 次测量,每次观测相机以 2000m/s 的速率采集 15000 帧图像用于计算。直至大气湍流模拟装置所模拟湍流相干长度为 5cm 为止。由于湍流模拟装置重复性好,故对不同拓扑电荷数光束分别进行测量,每次均采用上述方法从相干长度为 15cm 开始测量至相干长度为 5cm 为止。实验中,所选光束分别为拓扑电荷数 $m=1$、2、4 涡旋光束以及普通的高斯光束。首先,将不同相干长度激光光束在不同大气相干长度下所测得的闪烁因子值剔除干扰结果的粗大误差后取平均值制成图 6.8。

从图中可见,随着湍流的减弱,即大气相干长度的增长,不同拓扑电荷数的激光光束受湍流影响所产生的强度闪烁效应均呈减弱趋势。图中黑色曲线为高斯光束,在整个相干长度范围内,其闪烁因子均为四种光束中的最大值。随着光束拓扑电荷数的增加,激光光束受大气湍流影响所产生的光强闪烁效应越来越小。对于拓扑电荷数为 4 的激光光束,其在大气相干长度为 5cm 时的闪烁因子为 0.03 左右,而完全相干光此时已经达到 0.16 以上,两者相差 5 倍以上。并且,对光束进行螺旋相位调控后其抑制湍流的能力要强于对光束的相干特性进行调制,仅仅是在光束上加一个周期的螺旋相位,其闪烁因子也下降了将近 3 倍。

6.3 不同拓扑电荷数涡旋光束受大气湍流影响的情况研究

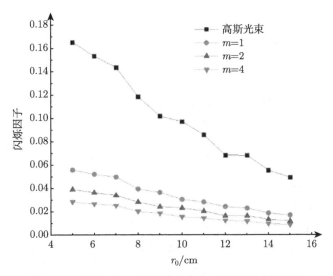

图 6.8 不同拓扑电荷数激光光束受湍流影响的情况

图 6.9 为相干长度为 8cm 时,分别选取拓扑电荷数 $m=1$、2、4 涡旋光束以及普通的高斯光束的四个独立测量样本所拟合出的强度起伏曲线。其中黑色为高斯光束曲线,红色为拓扑电荷数为 1 光束的强度起伏曲线,蓝色和粉色分别为拓扑电荷数为 2 和 4 激光光束的单次测量光强曲线。从图中可以看出,具有螺旋相位的涡旋光束与高斯光束相比,不仅在闪烁因子这种统计量上小于完全相干光,其光强闪烁的强度波动量也小于完全相干光。

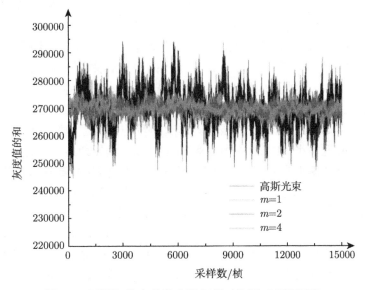

图 6.9 不同拓扑电荷数光强起伏对比图 (后附彩图)

6.4 本章小结

为了更好地研究分析不同初始相干长度、偏振态以及螺旋相位态的初始激光光束在大气湍流中的传输特性和受大气湍流的影响。本章分别对不同初始相干长度、偏振态以及拓扑电荷数激光光束在大气中的传输特性进行了理论研究，分别给出了不同初始相干长度、偏振态以及拓扑电荷数激光光束在大气中的传输表达式。并采用第 5 章所设计并标定的大气湍流模拟装置来模拟大气湍流，分别研究了不同初始相干长度、偏振态以及拓扑电荷数激光光束在大气湍流中传输时抑制大气湍流的能力，实验结果如下：

(1) 随着湍流的减弱，即大气相干长度的增长，不同相干长度的激光光束受湍流影响所产生的强度闪烁效应均呈减弱趋势。随着相干长度的减小，激光光束受大气湍流影响所产生的光强闪烁效应越来越小。对于相干长度为 3mm 的激光光束，其在大气相干长度为 5cm 时的闪烁因子为 0.038 左右，而完全相干光此时已经达到 0.16 以上，两者相差四倍以上。且与完全相干光相比，部分相干光束不仅在闪烁因子这种统计量上小于完全相干光，其光强闪烁的强度波动量也小于完全相干光。

(2) 不同偏振角线偏振激光光束在湍流中传输时，其闪烁因子均随着大气湍流的增强 (即相干长度减小) 而增大。当偏振角 $45° \leqslant \theta < 90°$ 时，光束经过大气湍流传输后的闪烁因子随着偏振角的增大而减小；当偏振角 $0° < \theta < 45°$ 时，光束经过大气湍流传输后的闪烁因子随着偏振角的减小而减小。对于偏振角为 $30°$ 和 $60°$ 的激光光束，其闪烁因子随大气湍流强度的变化趋势基本相同；同样的，对于偏振角为 $15°$ 和 $75°$ 激光光束，其闪烁因子随大气湍流强度的变化趋势也基本相同，即闪烁因子随湍流强度的变化呈现出关于 $45°$ 偏振角对称的现象。左旋圆偏振和右旋圆偏振激光光束，其光强闪烁因子随湍流强度的变化趋势基本相同，与线偏振激光光束相比，左旋圆偏振光和右旋圆偏振光在相同的大气湍流强度下其光强闪烁因子均小于任何偏振角度的线偏振光。单次测量的强度起伏波动量，非偏振光最大，左旋圆偏振光最小，$45°$ 偏振角线偏振光 > $30°$ 偏振角线偏振光 > $15°$ 偏振角线偏振光。可见圆偏振光对于由大气湍流所引起的光强闪烁效应抑制效果最好。

(3) 随着光束拓扑电荷数的增加，激光光束受大气湍流影响所产生的光强闪烁效应越来越小。对于拓扑电荷数为 4 的激光光束，其在大气相干长度为 5cm 时的闪烁因子为 0.03 左右，而完全相干光此时已经达到 0.16 以上，两者相差 5 倍以上。并且，对光束进行螺旋相位调控后其抑制湍流的能力要强于对光束的相干特性进行调制，仅仅是在光束上加一个周期的螺旋相位，其闪烁因子也下降了将近 3 倍。同样的，具有螺旋相位的涡旋光束与高斯光束相比，不仅在闪烁因子这种统计量上

6.4 本章小结

小于普通高斯光束,其光强闪烁的强度波动量也小于普通高斯光束。

综上,若想更好地抑制大气湍流对激光光束传输的影响,应选取更小相干长度、更大拓扑电荷数的圆偏振部分相干光束作为初始光源。

第 7 章 光束优化的激光通信系统大气信道性能实验研究

在第 6 章中已对不同初始相干特性、偏振态以及螺旋相位特性的激光光束在不同湍流强度下的传输特性进行了理论与实验研究。结果表明，更小的相干长度、更大的拓扑电荷数以及将光束调制成圆偏振，均能有效地降低大气湍流对光束传播的影响，有效地降低激光在湍流大气中传输时的光强闪烁效应。并且，在第 3 章中，经过长期的真实大气环境下激光通信实验，发现激光通信系统的性能与大气湍流所引起的激光光束传播过程中的光强闪烁效应关联性较高。所以，在本章中对激光通信系统光束的初始相干特性、偏振态以及螺旋相位特性进行优化，并于 2015 年 6~9 月在第 2 章链路 2 信道上进行了为期三个月的光束优化的激光通信系统在大气信道中的工作性能实验研究。

7.1 实验系统及方案

7.1.1 实验链路

图 7.1 为实验链路示意图。接收端 2 位于长春市朝阳区一楼房 17 层内，距地

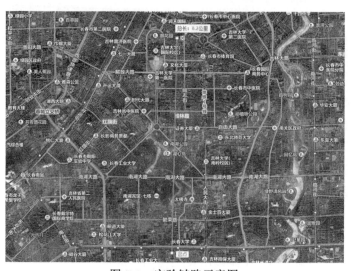

图 7.1 实验链路示意图

面高度约为 51m，用 GPS 测得链路 2 长度为 6200m。链路的接收端位置比发射端位置略高，但链路距离较长，因此实验中光束接近水平传输，仅略微向上倾斜。链路 2 所经过的地形比较复杂，主要是一些街道和楼房所在的区域，另外还经过一个较大型人工湖泊 (南湖) 及其周围的湿地，复杂的地形会导致大气状态的不均匀性，为实验测量带来一定的影响。但是也同样增加了大气湍流的复杂性，为激光通信系统的工作带来了不利影响，更便于对激光通信系统性能进行验证。

7.1.2 实验系统

图 7.2 为发射端装置图，如图所示，其主体部分为 6.1 节中所设计并制作的多参数高精度可控激光发射装置。该装置为光纤输入，所以在本章中仅将第 6 章中实验所用的连续激光器换成调制激光器，激光器波长同为 808nm，并采用信号源输出信号控制激光器的驱动电源，信号源生成速率为 500Mbit/s 的信号加载到激光器驱动器上，驱动调制器产生调制信号，对激光进行调制，进而将信号加载到激光光束上。调制后的激光光束从光纤输入后，首先经由初级光束准直透镜组进行初级准直。该透镜组数值孔径为 0.25，有效焦距为 11mm，有效孔径 5.5mm，中心波长为 810nm。准直后的光束经由偏振片对偏振态进行调整满足液晶空间光调制器的要求后以小角度入射到液晶空间光调制器上，再经由液晶对光束的相干长度、螺旋相位以及束散角等参数进行调控后，经过偏振片和 $\lambda/4$ 波片的组合将光束调整为左旋圆偏振光后，入射到二级准直镜组进行光束准直，入射到大气信道中。这里对光束束散角进行调控的目的是使入射到二级准直镜组的光束数值孔径与其相匹配以达到满口径发射的目的，并且提高能量的利用率。而未采用液晶对在对激光光束其他参数进行调控的同时对光束偏振特性进行调控主要是为了降低系统整体的复杂度。二级准直镜组结构为施密特–卡塞格林折返式望远系统，有效焦距 1500mm。最终出射光束直径为 150mm，束散角为 50μrad。

根据第 6 章的理论与实验研究，更小的相干长度、更大的拓扑电荷数以及将光束调制成圆偏振，均能有效地降低大气湍流对光束传播的影响及激光在大湍流中传输时的光强闪烁效应。所以这里将初始光束的相干长度设定为 3mm。没有设置为更小的原因主要是由于根据公式 (4.29)，输出光束相干长度主要由其中的 γ_ϕ^2 来决定，这里 ϕ 表示相对相干长度，其与真实光束的相干长度对应函数可由公式 (7.1) 给出

$$\gamma_\phi^2 = kl_c c_\phi^2 \tag{7.1}$$

式中，k 为相干长度转换因子，由液晶的像元尺寸和光学系统的缩放倍率唯一确定；l_c 为真实的光束相干长度。对于本装置来说，若所生成光束的相干长度为 3mm，则此时液晶所加载相位屏的最小特征尺寸为 1 个像素，若相干长度小于此值，则最小特征尺寸会小于 1 个像素，则所生成光束的相干长度误差较大。故初始光源

的相干长度选择为 3mm。同样，由于液晶分辨率的限制，为了降低系统输出光束拓扑电荷数的误差，初始光束的拓扑电荷数为 4，偏振态为左旋圆偏振。

图 7.2　发射端装置图

图 7.3 为接收端装置图，在接收端采用卡塞格林发射式望远系统对入射光进

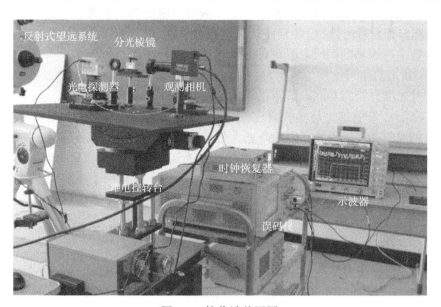

图 7.3　接收端装置图

7.1 实验系统及方案

行接收并整形为平行光,输出光束经过分光棱镜分为两束。一束经过聚焦透镜会聚到 APD 光电探测器上,APD 通过光电转换将入射的光信号转换为电信号并通过功分器分为两路,一路信号直接接入示波器中进行波形观测,另外一路信号通过时钟恢复装置 (CDR) 与误码仪相连,进行码型匹配,从而给出测试时间内的误码率;分束后的另一束光被透镜会聚到成像探测器上,计算机通过高速图像采集卡对光斑灰度进行采集,所得的数据通过计算软件进行计算以分析由大气湍流引起的光强闪烁效应。

在整个实验过程中,通过便携式气象仪对大气信道的温度、风速、湿度和气压等信息进行测量。实验装置主要参数如表 7-1 所示。

表 7-1 大气湍流对激光通信系统性能影响的实验系统主要参数

	端口变量	参数值
发射端	发射口径	150mm
	发射功率	50mW
	束散角	50μrad
	调制速率	500Mbit/s
	调制方式	OOK
	偏振态	左旋圆偏振
	相干长度	3mm
	拓扑电荷数	4
信道端	温度	测量范围:$-25\sim+70$℃;测量精度:± 0.1℃
	风速	测量范围:$0.4\sim40$m/s;测量精度:± 0.1m/s
	湿度	测量范围:$5\%\sim95\%$;测量精度:$\pm 3\%$
	气压	测量范围:$700\sim110$mbar;测量精度:± 1.5mbar
接收端	接收口径	210mm
	图像传感器	CMOS
	像元尺寸	14μm
	相机分辨率	320×320(2×2binning+ 开窗口)
	相机采样频率	2000Hz
	探测器材料	InGaAs
	探测器噪声功率	0.45W
	3dB 带宽	1GHz

7.1.3 实验方案

实验从 8:00 开始至 21:00 结束,其中用于测量光强闪烁因子的相机从 8:00 开始每隔 10min 测量一次,每次以 2000Hz 的采样频率记录 15000 帧灰度图。误码率从 8:00 开始,每隔一个小时记录一次误码后清零并继续记录,这样做的主要目的是增加误码测量的稳定性。根据第 3 章实验,若测量时间较短误码率的随机性较大,测量精度较低,故选择一个小时为一个测量周期。并且,为了更好地说明初始光束优化的激光通信系统在大气信道中的工作性能,设置了对照实验。对照实验所采用的发射装置所采用的光束为普通高斯激光光束,其他参数完全相同。信道端与接收端的测量装置也完全相同。实验时,两组实验交替进行,选取相近天气条件下的实验样本进行对比分析。

7.2 实验结果与分析

图 7.4 中方框曲线为 2015 年 8 月 3 日 8:00~21:00 的采用普通高斯光束作为光源的激光通信系统接收端光强闪烁日变化趋势。圆形曲线为 2015 年 8 月 5 日 8:00~21:00 的采用优化了的初始光束作为光源的激光通信系统接收端光强闪烁日变化趋势。这两天的天气情况比较相似,其中 8 月 3 日天气为晴,日最高温度 31℃,日最低温度 22℃,西南风小于 3 级;8 月 5 日天气晴,日最高温度 32℃,日最低温度 22℃,西南风小于 3 级。两天风均比较小,这主要是由于相比温度,风的变化频率非常快,为了尽可能地降低两天气象条件的差异,选取风力较小的两天的测量样本进行对比分析。并且,这两天大气能见度均较好,在 16km以上。

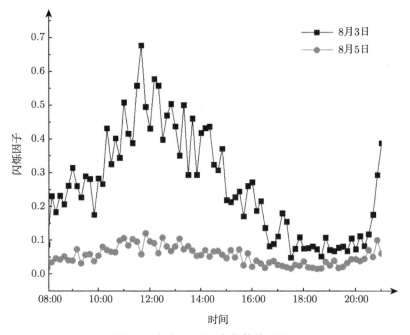

图 7.4 闪烁因子日变化趋势对比

7.2 实验结果与分析

从图中可见,不管是高斯光束还是部分相干涡旋左旋圆偏振光光束,其在大气中传输后,接收端闪烁因子的变化趋势比较接近。即随着太阳的升高,地表附近大气升温较快,地表温度升高较慢,空气与地表之间存在热交换作用,并且随着太阳的升高为增强趋势,湍流效应较明显,闪烁因子随着太阳的升高而增加,在 12:00~13:00 前后达到一天中的最大值。随着太阳升高到最高点,温度渐渐趋于平稳,温度变化较稳定,此时的大气湍流效应逐步减弱,在太阳落山前后 (18:30~19:30) 为一天中的最弱时间段,此时闪烁因子到达一天中的最低值。太阳落山后,大气温度降低较快,地表温度降低较慢,此时热量从地表向大气散发,湍流效应逐渐增强,闪烁因子又逐步增加。对于初始相干长度、偏振态以及螺旋相位优化的激光光束,其闪烁因子要小于高斯光束。从图中可见,初始参数优化的激光光束其闪烁因子在一天中均在 0.1 以下,而高斯光束其最小值为 0.1 左右,在中午 12:00 时,其闪烁因子达到了一天中的最大值,将近 0.7 左右。可见对激光通信系统初始光源的相干长度、偏振态以及螺旋相位进行优化的方法,可以有效地降低接收端光强起伏。图 7.5 为两测量样本误码率的日变化趋势。由于图中所示误码为一个小时内的误码率,所以 9:00 处测得误码率实际为 8:00~9:00 点范围内的误码率,以此类推。

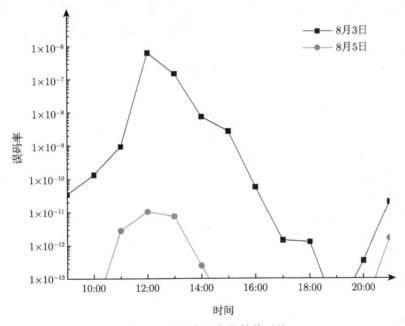

图 7.5 误码率日变化趋势对比

从图中可见,初始光束优化的激光通信系统和高斯光束激光通信系统误码率日变化趋势较为接近,均随着闪烁因子的变化而产生波动。即系统的误码率随着闪烁因子的上升而升高。并且,在中午 12:00 处闪烁值和激光通信系统误码率同时出现了一天中的极大值。对于高斯光束激光通信系统,其误码率的最高值达到了将近 10^{-6} 量级,在中午 12:00 左右,其误码率也较高,达到了 10^{-7} 量级。而对于初始相干长度、偏振态以及螺旋相位优化的激光通信系统,其全天的误码率均在 10^{-10} 量级以下,并且在 8:00~10:00 以及 14:00~19:00 范围内对于 500Mbit/s 激光通信系统,当闪烁因子下降到一定程度时,系统的误码率基本上为零,临界值为 0.2 左右。当闪烁因子大于 0.2 时,系统就开始出现误码;而当闪烁因子低于 0.2 时,激光通信系统在大部分时间段内是没有误码的。可见对激光通信系统的初始相干长度、偏振态以及螺旋相位进行优化,可以有效地抑制大气湍流对激光通信系统的影响,降低接收端光强起伏,降低激光通信系统误码率,有效地提高激光通信系统性能。

7.3 本章小结

本章对激光通信系统发射端光束的初始偏振态、相干特性以及螺旋相位特性进行了优化,并在真实的大气环境下进行了通信距离为 6.2km 的野外大气通信实验,对大气信道环境下,光束初始参数优化的激光通信系统与高斯光束激光通信系统性能进行了长期的对比分析。激光通信系统的调制速率为 500Mbit/s。并对不同初始参数激光光束在大气湍流中传输时,接收端闪烁因子的变化规律进行了研究。实验结果表明:

(1) 不管是高斯光束还是部分相干涡旋左旋圆偏振光束,其在大气中传输后,接收端闪烁因子的变化趋势比较接近。初始参数优化的激光光束其闪烁因子在一天中均在 0.1 以下,而高斯光束其最小值为 0.1 左右,在中午 12:00 时,其闪烁因子达到了一天中的最大值,将近 0.7 左右。对激光通信系统光源的初始相干长度、偏振态以及螺旋相位进行优化的方法,可以有效地降低接收端光强起伏。

(2) 光束优化的激光通信系统和高斯光束激光通信系统,其系统误码率日变化趋势较为接近,系统的误码率随着闪烁因子的上升而升高。对于初始相干长度、偏振态以及螺旋相位优化的激光通信系统,其全天的误码率均在 10^{-10} 量级以下,全天一半以上的时间范围内均未出现误码。对于高斯光束激光通信系统,其误码率的最高值达到了将近 10^{-6} 量级。

可见对激光通信系统的初始相干长度、偏振态以及螺旋相位进行优化,可以有效地抑制大气湍流对激光通信系统的影响,降低接收端光强起伏,降低激光通信系统误码率,有效地提高激光通信系统性能。

第8章 总结和展望

本书对高斯光束及不同初始参数光束在大气湍流中传输时受大气湍流影响的情况以及大气湍流影响下大气信道激光通信系统的性能进行了理论分析；设计并制作了基于液晶激光光束相干特性、偏振态以及螺旋相位特性高精度调控组件，对调控精度进行了实验标定；设计并制作了热风对流式大气湍流模拟装置，采用真实大气环境下的观测数据对湍流模拟出的湍流进行了标定，并利用其作为信道模拟装置对不同湍流条件不同初始光束抑制大气湍流的能力进行了实验研究；对大气湍流影响下的初始光束优化的激光通信系统误码率进行了实验研究。全书的主要研究内容、相关成果及创新点总结如下。

(1) 在国内外研究的基础上对高斯光束在大气湍流中传输时，受湍流影响的情况进行了研究。分别针对大气湍流对激光光束造成的光强闪烁、到达角起伏以及光斑漂移等现象进行了详尽的理论分析，给出了激光光束在大气湍流中传输时，闪烁因子、到达角起伏方差以及漂移方差的计算公式。并给出了光强闪烁、到达角起伏以及光斑漂移的概率密度函数。并在理论研究的基础上进行了距离为 1km 和 6.2km 的城市链路大气传输特性实验，针对高斯光束在大气湍流介质中传播时的光强闪烁、到达角起伏以及光斑漂移效应进行了长期的实验观测与分析研究。通过实验，给出了光强闪烁、到达角起伏以及光斑漂移效应的日变化规律、季节变化规律、光束不同波长条件下的波长变化规律，光束经过湍流大气传播后的闪烁因子、到达角起伏方差、光斑漂移方差等参数。并且对光强闪烁、到达角起伏以及光斑漂移效应进行了频谱分析及概率密度分析，分别给出了光强闪烁、到达角起伏以及光斑漂移效应的频谱变化规律及概率密度变化规律。

(2) 对常见的 OOK 调制激光通信系统性能受大气湍流影响的机理进行了分析。分别从 OOK 调制模式下激光通信系统在大气信道中运行时的误码率、中断概率以及平均容量等三个方面分析了大气湍流对激光通信系统性能的影响。给出了 OOK 调制的大气激光通信系统的误码率表达式；gamma-gamma 模式信道条件下的大气激光通信系统中断概率表达式；gamma-gamma 模式信道条件下的大气激光通信系统平均容量表达式。在相距为 1km 和 6.2km 的两通信链路上，进行了为期三个月的大气激光通信实验，对大气湍流对大气激光通信系统性能的影响进行了长期的实验研究。实验中所采用的激光通信系统波长为 808nm，调制速率为 100Mbit/s 和 500Mbit/s。实验结果表明：误码率的变化与闪烁因子的变化关联度很高,误码率及闪烁因子的测量时间越长,其相关度就越高。而越高的传输速率对大气环境的要求也越高。并且,对于 100Mbit/s 激光通信系统,当闪烁因子下降到 0.4 以下时,激光通信系统基本上没有误码,其全天的误码率在 10^{-8} 量级以下;而对于 500Mbit/s 通信链路,闪烁因子的临界点为 0.2 左右,全天误码率在 10^{-7} 量级以下。

(3) 对采用液晶进行相位调控的原理进行了研究,给出了液晶器件的选取依据及工作原理。对光波的偏振态及采用液晶进行光束偏振态调控的基本原理进行了研究,给出了光波偏振态的函数形式。实验生成了竖直线偏振光与左旋圆偏振光,验证了该方法的正确性及有效性。并对偏振光束的方位角、椭圆率以及偏振度三个参数进行实验测量。实验结果表明:对于线偏振光来说,其偏振参数波动情况为:方位角 2.131%,椭圆率 1.823%,偏振度 0.625%;对于圆偏振光,偏振参数波动情况为:方位角 1.475%,椭圆率 1.268%,偏振度 0.455%。可见,本方法可以实现对激光光束偏振态的高精度调控。对光波的相干特性及采用液晶空间光调制器对光束相干长度进行控制的基本原理进行了研究,并给出了用以描述光束相干特性的函数表达式。对该方法的相干度调控性能进行实验研究,生成了相干长度为 0.15mm 和 1.5mm 部分相干光束。测量结果表明,光束相干度均方根误差分别为 0.022011 和 0.020883,峰谷值分别为 0.074325 和 0.072998。可见,本方法可对光束相干特性进行快速、高精度的调控。对具有螺旋相位结构的涡旋光束及采用液晶空间光调制器生成具有螺旋相位结构的涡旋光束的基本原理进行了研究,给出了其光场分布的表达式,并对该方法的正确性和有效性进行了实验验证。

(4) 提出了一种基于液晶空间光调制器的激光相干度及束散角复合控制方法,给出了采用液晶对激光光束的相干度和束散角进行复合控制的基本理论和方法。并对本方法所调制激光光束的相干度和束散角精度进行了实验检测。实验结果表明,采用液晶空间光调制器生成相干长度为 0.9mm,束散角为 7.5mrad,相干长度为 1.5mm,束散角为 3.8mrad 的部分相干光束,其相干度误差在 5%以内,均方根误差分别为 0.027386 和 0.031314,峰谷值分别为 0.084658 和 0.089103;其束散角误差在 15%以内,均方根误差分别为 0.032478 和 0.043186,峰谷值分别为 0.091201 和 0.102130。可见,本方法可以实现高精度的相干度及束散角复合控制。

(5) 优化设计了大气湍流模拟装置,给出了其所模拟大气湍流的大气相干长度、大气折射率结构常数等参数的计算公式。采用 532nm、808nm、1064nm 以及 1550nm 四种波长激光器与检测装置分别从大气湍流模拟装置所模拟大气湍流的信道参数,大气湍流的稳定性以及所模拟湍流与真实的大气湍流相比的等效性等方面对大气湍流模拟装置性能进行了标定。实验结果表明:①大气模拟装置所模拟大气湍流的相干长度范围为 5~20cm,等效湍流链路长度为 1km 时大气湍流模拟装置所能模拟的 C_n^2 最大值为 1.81×10^{16};若模拟链路距离 L 为 10km,大气湍流模拟装置所能模拟的最大 C_n^2 值为 1.81×10^{15}，光强闪烁等效距离为 661.2m。②对流式湍流模拟装置在 16cm×16cm 区域内的波动量小于 15%，不同波长条件下相干长度满足 Kolmogorov 理论，频谱波动量小于 20%。③对流式大气湍流模拟装置所模拟大气湍流的光强闪烁效应在频谱特性和概率密度分布特性上均与真实的大气相符。对于到达角起伏效应的模拟，在 y 轴方向上，频谱特性与概率密度特性均与真实大气相符；但在 x 轴方向上，由于模拟装置缺少横向侧风产生装置，频谱特性与概率密度特性均与真实大气有区别，概率密度分布无明显规律。

(6) 对不同初始相干长度、偏振态以及拓扑电荷数激光光束在大气中的传输特性进行了理论研究，分别给出了不同初始相干长度、偏振态以及拓扑电荷数激光光束在大气中的传输表达式。并采用第 5 章所设计标定的大气湍流模拟装置来模拟大气湍流，研究了不同初始相干长度、偏振态以及拓扑电荷数激光光束在大气湍流中传输时抑制大气湍流的能力。实验结果表明：①随着湍流的减弱，即大气相干长度的增长，不同相干长度的激光光束受湍流影响所产生的强度闪烁效应均呈减弱趋势。随着相干长度的减小，激光光束受大气湍流影响所产生的光强闪烁效应越来越小。对于相干长度为 3mm 的激光光束，其在大气相干长度为 5cm 时的闪烁因子为 0.38 左右，而完全相干光此时已经达到 0.16 以上，两者相差四倍以上。且与完全相干光相比，部分相干光束不仅在闪烁因子这种统计量上小于完全相干光，其光强闪烁的强度波动量也小于完全相干光。②不同偏振角线偏振激光光束在湍流中传输时，其闪烁因子均随着大气湍流的增强 (即相干长度减小) 而增大。当偏振角 $45° \leqslant \theta < 90°$ 时，光束经过大气湍流传输后的闪烁因子随着偏振角的增大而减小；当偏振角 $0° < \theta < 45°$ 时，光束经过大气湍流传输后的闪烁因子随着偏振角的减小而减小。对于偏振角为 30° 和 60° 激光光束，其闪烁因子随大气湍流强度的变化趋势基本相同；同样的，对于偏振角为 15° 和 75° 激光光束，其闪烁因子随大气湍流强度的变化趋势也基本相同，即闪烁因子随湍流强度的变化确实呈现出关于 45° 偏振角对称的现象。左旋圆偏振和右旋圆偏振激光光束，其光强闪烁因子随湍流强度的变化趋势基本相同，与线偏振激光光束相比，左旋圆偏振光和右旋圆偏振光在相同的大气湍流强度下其光强闪烁因子均小于任何偏振角度的线偏振光。单次测量的强度起伏波动量，非偏振光最大，左旋圆偏振光最小，45° 偏振角线偏振光 > 30° 偏振角线偏振光 > 15° 偏振角线偏振光。可见圆偏振光的大气湍流所引起的光强闪烁效应，抑制效果最好。③随着光束拓扑电荷数的增加，激光光束在湍流中传输时，受大气湍流影响所产生的光强闪烁效应越来越弱。对于拓扑电荷数为 4 的激光光束，其在大气相干长度为 5cm 时的闪烁因子为 0.03 左右，而完全相干光此时已经达到 0.16 以上，两者相差 5 倍以上。并且，对光束进行螺旋相位调控后其抑制湍流的能力要强于对光束的相干长度进行调制，从图中可以看出，仅仅是在光束上加一个周期的螺旋相位，其闪烁因子也下降了将近 3 倍。同样的，具有螺旋相位的涡旋光束与高斯光束相比，不仅在闪烁因子这种统计量上小于完全相干光，其光强闪烁的强度波动量也小于完全相干光。

(7) 对激光通信系统发射端光束的初始偏振态、相干特性以及螺旋相位特性进行了优化，在真实的大气环境下进行了通信距离为 6.2km 的野外大气通信实验，并采用初始光束为高斯光束的激光通信系统作为对照，实验结果表明：①不管是高斯光束还是部分相干涡旋左旋圆偏振光束，其在大气中传输后，接收端闪烁因子的变化趋势比较接近。但初始参数优化的激光光束其闪烁因子在一天中均在 0.1 以下，而高斯光束其最小值为 0.1 左右，在中午 12:00 时，其闪烁因子达到了一天中的最大值，将近 0.7 左右。可见，对激光通信系统初始光源的相干长度、偏振态以及螺旋相位进行优化的方法，可以有效地降低接收端光强起伏。②初始光束优化的激光通信系统和高斯光束激光通信系统，其系统误码率日变化趋势较为接近，系统的误码率随着闪烁因子的上升而升高。对于初始相干长度、偏振态以及螺旋相位优化的激光通信系统，其全天的误码率均在 10^{-10} 量级以下，且全天一半以上的时间范围内均未出现误码。对于高斯光束激光通信系统，其误码率的最高值达到了将近 10^{-6} 量级。可见，对激光通信系统的初始相干长度、偏振态以及螺旋相位进行优化，可以有效地抑制大气湍流对激光通信系统的影响，降低接收端光强起伏，降低激光通信系统误码率，有效地提高激光通信系统性能。

本书的主要创新点有四方面：

(1) 对激光通信系统发射端光束的初始偏振态、相干特性以及螺旋相位特性进行了优化，并在真实的大气环境下进行了通信距离为 6.2km 的野外大气通信实验。实验结果表明，与采用高斯光束作为初始光束的激光通信系统相比，优化后的激光通信系统接收端接收光强的随机起伏得到了有效的抑制；优化后的激光通信系统误码率下降了 3~4 个量级，全天误码率均在 10^{-10} 量级以下，且一半以上时间未出现误码。

(2) 提出了一种基于液晶空间光调制器的激光相干度及束散角复合控制方法，抑制了光束相干度降低所引入的光束束散角变化影响，并对本方法的相干度及束散角控制精度进行了实验分析与检测。实验结果表明，采用液晶空间光调制器生成相干长度为 0.9mm，束散角为 7.5mrad，相干长度为 1.5mm，束散角为 3.8mrad 的激光光束，相干度误差在 5% 以内，均方根误差分别为 0.027386 和 0.031314，峰谷值分别为 0.084658 和 0.089103；束散角误差在 15% 以内，均方根误差分别为 0.032478 和 0.043186，峰谷值分别为 0.091201 和 0.102130，可以实现高精度的相干度及束散角复合控制。

(3) 在对不同初始相干长度、拓扑电荷数以及偏振态激光光束在大气湍流中传输特性进行长期系统的实验研究基础上，得到了受大气湍流影响最小的激光光束最优初始相干长度、拓扑电荷数以及偏振态，即圆偏振、更小的相干长度以及更大的拓扑电荷数。为激光通信系统发射端初始光束参数的优化提供了参考。

(4) 优化设计了大气湍流模拟装置,并采用真实大气环境下长期观测所得数据对湍流模拟装置进行了标定。实验结果表明,大气模拟装置所模拟大气湍流的相干长度范围为 5~20cm,光强闪烁等效距离为 661.2m;所模拟大气湍流光强闪烁效应和到达角起伏效应在频谱特性和概率密度分布特性上均与真实的大气相符;并且,在 16cm×16cm 区域内的湍流强度波动量小于 15%,不同波长条件下相干长度满足 Kolmogorov 理论,频谱波动量小于 20%。可以实现对大气湍流高精度、高可控性以及高等效性的模拟。为研究不同参数光束在湍流中的传输特性提供了可靠的信道模拟装置。

本书所做工作对提高自由空间光通信系统的通信性能具有一定的指导意义和参考价值。但由于作者的时间和能力有限,以下问题仍需要更进一步研究和解决。

(1) 由于实际大气信道十分复杂,激光在大气信道传输过程中,除了受到大气湍流效应的影响外,还受到很多其他外界因素影响,且本书所采用大气湍流模拟装置对真实大气环境的模拟存在一定的局限性 (光程较短),使得所得到的不同初始偏振态、相干特性以及螺旋相位激光光束在大气中的传输特性可能与实际存在一定的差异。所以,在不同天气条件下,长期地开展真实大气环境下,不同初始偏振态、相干特性以及螺旋相位激光光束传输特性观测实验十分必要。

(2) 激光通信系统比较复杂,导致其产生误码率的因素也较多,单纯地采用误码率作为衡量激光通信系统性能的指标略有些单一。若想更好地研究大气对激光通信系统性能影响的机理,应选取更多的角度,如①对探测器所得的波形直接进行频域上的分析;②对初始波形与经大气传输后的波形进行对比分析;③对系统激光器、驱动电源以及探测器等设备的固有噪声进行标定,并在考虑探测阈值、信噪比等参数影响的条件下来研究激光通信系统误码率。这样会更有说服力。

参 考 文 献

[1] Strobehn J W. Topics in Applied Physics. Vol. 25, Laser Beam Propagation in the Atmosphere. New York: Springer-Verlag, 1978.

[2] Fried D L. Aperture averaging of scintillation. J. Opt. Soc. Am., 1967, 57(2): 169-172.

[3] Churnside J H. Aperture averaging of optical scintillations in the turbulent atmosphere. Appl. Opt., 1991, 30: 1982-1994.

[4] Andrews L C, Phillips R L. Laser Beam Propagation through Random Media. Bellingham, Washington: SPIE Optical Engineering Press, 1998.

[5] Wheelon A D. Electromagnetic Scintillation. Vol. 2, Weak Scattering. Cambridge: Cambridge University Press, 2003.

[6] Churnside J H. Aperture-Averaging Factor for Optical Propagation through the Turbulent Atmosphere. NOAA Technical Memorandum ERLWPL-188, November 1990. (Available from the National Technical Information Service <http://www.ntis.gov>).

[7] Zhu X. Free-space optical communication through atmospheric turbulence channels. IEEE Transactions on Communications, 2002, 50(8): 1293-1300.

[8] Churnside J H. Aperture averaging of optical scintillations in the turbulent atmosphere. Appl. Opt., 1991, 30(15): 1982-1994.

[9] Andrews L C, Phillips R L, Hopen C Y. Aperture averaging of optical scintillations: power fluctuations and the temporal spectrum. Waves in Random Media, 2000, 10(1): 53-70.

[10] Milner S D, Davis C C. Hybrid Free-Space Optical/RF Networks for Tactical Operations. Proc. IEEE, MILCOM 2004 Conference (IEEE Number: 04CH37621C).

[11] Willebrand H, Ghuman B S. Free-space Optics: Enabling Optical Connectivity in Today's Networks. Indianapolis, SAMS, 2002.

[12] Wayne D T, Phillips R L, Andrews L C, et al. Comparing the log-normal and gamma-gamma model to experimental probability density functions of aperture averaging data. Proc. SPIE, 2010, 7814: 78140K1-13.

[13] Frida S V, Young C, Andrews L, et al. Aperture averaging effects on the probability density of irradiance fluctuations in moderate to strong turbulence. Appl. Opt., 2007, 46 (11): 2099-2108.

[14] Naila C B, Bekkali A, Kazaura K, et al. Evaluating m-ary PSK multiple-subcarrier modulation over FSO links using aperture averaging. Proc. SPIE, 2010, 7814: 78140V1-11.

[15] Kumar A, Jain V K. Antenna aperture averaging with different modulation schemes

for optical satellite communication links. Journal of Optical Networking, 2007, 6(12): 1323-1328.

[16] Kim I I, Mitchell M, Korevarr E J. Measurement of scintillation for free-space laser communication at 785nm and 1550nm. Proc, SPIE, 1999, 3850: 49-62.

[17] Kim I I. Measurement of scintillation and link margin for the terralink laser communication system. Proc. SPIE, 1998, 3232: 100-118.

[18] Kim I I. Scintillation reduction using multiple transmitters. Proc. SPIE, 1997, 2990: 102-113.

[19] Navidpour S M, Uysal M, Kavehrad M. BER performance of free space optical transmission with spatial diversity. IEEE Trans. On Wireless Communications, 2007, 6(8): 2813-2819.

[20] Cvijetic N W S G, Maite B P. Performance bounds for free space optical MIMO systems with APD receivers in atmospheric turbulence. IEEE J. Sel. Areas Commun., 2008, 26(3): 3-11.

[21] Belmonte A, Kahn J M. Capacity of coherent free-space optical links using diversity-combining techniques. Opt. Express, 2009, 18: 17748.

[22] Tsiftsis T A, Sandalidis H G, Karagiannidis G K, et al. Optical wireless links with spatial diversity over strong atmospheric turbulence channels. IEEE Transactions on Wireless Communications, 2009, 8(2): 951-957.

[23] Navidpour S M, Uysal M, Kavehrad M. BER performance of free-space optical transmission with spatial diversity. IEEE Transactions on Wireless Communications, 2007, 6(8): 2813-2819.

[24] Zhu X M, Kahn J M. Maximum likelihood spatial diversity reception on correlated turbulent free space optical channels. IEEE Global Telecommunication Conference, 2000, 2: 1237-1241.

[25] Popoola W O, Ghassemlooy Z, Allen J I H, et al. Free-space optical communication employing subcarrier modulation and spatial diversity in atmospheric turbulence channel. IET Optoelectrics, 2008, 2(1): 16-23.

[26] Hung W, Chan C K, Chen L K, et al. An optical network unit for WDM access networks with downstream DPSK and upstream re-modulated OOK data using injection-locked FP laser[C]//Optical Fiber Communication Conference, Optical Society of America, 2003: TuR2.

[27] Ghassemlooy Z, Popoola W O, Leitgeb E. Free-space optical communication using subarrier modulation in gamma-gamma atmospheric turbulence. ICTON'07. 9th International Conference on transparent Optical Networks, 2007: 156-160.

[28] Mukai R, Arabshahi P, Yan T Y, et al. An adaptive threshold detector and channel parameter estimator for deep space optical communications. Globecom'01: IEEE Global Telecommunications Conference, Vols 1-6, 2001: 50-54.

[29] Burris H R, Namazi N M, Reed A E, et al. Comparison of adaptive methods for optimal thresholding for free-space optical communication receivers with multiplicative noise//Ricklin J C, Voelz D G. Free-Space Laser Communication and Laser Imaging Ii, 2002: 139-154.

[30] Wang J, Huang D X, Yuan X H. Performance analysis of the reception based on least-mean-square adaptive algorithm in optical wireless communication system. Chinese Journal of Lasers, 2006, 33: 1379-1383.

[31] Louthain J A, Schmidt J D. Synergy of adaptive thresholds and multiple transmitters in free-space optical communication. Opt. Express, 2010, 18: 8948-8962.

[32] Tyson R K. Bit-error rate for free-space adaptive optics laser communications. JOSA A, 2002, 19(4): 753-758.

[33] Kudielka K H, Hayano Y, Klaus W. Low-order adaptive optics system for free-space lasercom: design and performance analysis//Adaptive Optics for Indastry and Medicine-International Norkshop. 2015.

[34] Schmidt J D, Steinbock M J, Berg E C. A flexible testbed for adaptive optics in strong turbulence. Atmospheric Propagation viii, 2011, 8038(1): 73-81.

[35] Lukin V P, Fortes B V. Phase correction of an image turbulence boarding under conditions of strong intensity fluctuations//Roggemann M C, Bissonnette L R. Propagation and Imaging through the Atmosphere iii. 1999: 61-72.

[36] Berkefeld T, Soltau D, Czichy R, et al. Adaptive optics for satellite-to-ground laser communication at the 1m Telescope of the ESA Optical Ground Station, Tenerife, Spain. Proc. SPIE, 2010, 7736: 77364C.

[37] Levine B M, Martinsen E A, With A, et al. Horizontal line-of-sight turbulence over near-ground paths and implications for adaptive optics corrections in laser communications. Appl. Opt., 1998, 37(21): 4553-4560.

[38] Lukin V P, Fortes B V. Phase correction of an image turbulence boarding under condition of strong intensity fluctuations. Proc. SPIE, 1999, 3763: 61-72.

[39] Weyrauch T, Vorontsov M A. Atmospheric compensation with a speckle beacon in strong scintillation conditions: directed energy and laser communication applications. Appl. Opt., 2005, 44(30): 6388-6401.

[40] Weyrauch T, Vorontsov M A. Free-space laser communications with adaptive optics: atmospheric compensation experiments. J. Opt. Fiber. Commun. Rep., 2004, 1: 355-379.

[41] Gregory M, Heine F, mpfner H K, et al. Inter- satellite and satellite-ground laser communication links basedonhomodyne BPSK. SPIE, 2010, 7587: 75870E.

[42] Semenova I, Dimakov S, Karavaev P. On nonlinear correction of atmospheric distortions in laser communication systems//Chang Hasnain C J, Xia Y X, Iga K. Apoc 2002: Asia-Pacific Optical and Wireless Communications; Materials and Devices for Optical and

Wireless Communications, 2002: 14-21.

[43] Caulfield H J. A new approach for FSO communication and sensing//Ricklin J C, Voelz D G. Free Space Laser Communications iv., 2004: 214-217.

[44] Ricklin J C, Davidson F M. Atmospheric turbulence effects on a partially coherent Gaussian beam: implications for free-space laser communication. J. Opt. Soc. Am. A, 2002, 19(9): 1794-1802.

[45] Berman G P, Chumak A A. Photon distribution function for long-distance propagation of partially coherent beams through the turbulent atmosphere. Phys. Rev. A, 2006, 74(1):013805

[46] Shirai T, Wolf E. Coherence and polarization of electromagnetic beams modulated by random phase screens and their changes on propagation in free space. J. Opt. Soc. Am. A, 2004, 21(10): 1907-1916.

[47] Borah D K, Voelz D G. Spatially partially coherent beam parameter optimization for free space optical communications. Opt. Express, 2010, 18: 20746-20758.

[48] Xiao X F, Voelv D. Toward optimizing partial spatially coherent beams for free space laser communications. Proc. SPIE, 2007, 6709: 67090P1- 67090P8.

[49] Kyle D, Michael R, David V. Use of a partially coherent transmitter beam to improve the statistics of received power in a free-space optical communication system: theory and experimental results. Optical Engineering, 2011, 50(2): 0250021-0250027.

[50] Liu Y, Gao C, Qi X, et al. Orbital angular momentum (OAM)spectrum correction in free space optical communication. Opt. Express, 2008, 16: 7091-7101.

[51] Djordjevic I B, Arabaci M. LDPC-coded orbital angular momentum (OAM) modulation for free-space optical communication. Opt. Express, 2010, 18: 24722-24728.

[52] Kolmogorov A N. The local structure of turbulence in an incompressible viscous fluid for very large Reynolds numbers. Proceedings Mathematical & Physical Sciences, 1991, 434(1890): 9-13.

[53] Richardson L F. Weather Prediction by Numerical Process. Cambridge, U. K. Cambridge University Press, 1922.

[54] Obukhov A M. Some specific features of atmospheric turbulence. Journal of Geophysical Research, 1962, 67(8): 3011-3014.

[55] Andrews L C, Phillips R L. Laser Beam Propagation through Random Media. Bellingham: SPIE Optical Engineering Press, 1998.

[56] Grant K, Young C, Andrews L, et al. Scintillation:theory vs.experiment. SPIE, 2005, 5793: 166-177.

[57] Masino A J, Young C Y, Andrews L C, et al. Mean irradianee: experimental and theoretical results. SPIE, 2005, 5793: 178-184.

[58] Andrews L C, Philips R L, Hopen C Y. Laser Beam Scintillation with Applications. Washington, D.C.:SPIE Press, 2001.

[59] 张逸新. 湍流大气传输光束的孔径平均到达角起伏. 激光杂志, 2008, 29(2): 53-54.

[60] Biswas A, Wright M. Mountain-top-to-mountain-top optical link demonstration: part II. IPN Progress Report 42-151, 2002: 42-149.

[61] Clifford S F. The classical theory of wave propagation in a turbulent medium. Laser Beam Propagation in the Atmosphere, 1978, 25: 9-43.

[62] Akira I. Wave Propagation and Scattering in Random Medla. NewYork: IEEE Press and Oxford Universlty Press,1997.

[63] 陈纯毅, 杨华民, 冯欣, 等. 基于球泡模型的大气湍流光斑漂移 Monte Carlo 模拟. 长春理工大学学报, 2008, 31(3): 16-19

[64] 马东堂. 大气激光通信中的多光束发射和接收技术研究. 长沙: 国防科技大学, 2004.

[65] Kiasaleh K. Performance of coherent DPSK free-space optical communication systems in k-distributed turbulence. IEEE Transactions on Comunication, 2006, 54(4): 604-607.

[66] Popoola W O, Ghassemlooy Z, Ahmadi V. Performance of sub-carrier modulated free-space optical communication link in negative exponential atmospheric turbulence environment. International Journal of Autonomous and Adaptive Communications Systems, 2017, 1(1): 342-355.

[67] Phillips R L. Laser beam propagation through random media. Bellingham: SPIE Press, 2005: 321-390.

[68] Uysal M, Li J, Yu M. Error rate performance analysis of coded free-space optical links over gamma-gamma atmospheric turbulence channels. IEEE Transactions on wireless comunication, 2006, 5(6): 1229-1233.

[69] Bayaki E, Schober R, Mallik R K. Performance analysis of free-space optical systems in gamma-gamma fading. IEEE Global Telecommunications Conference (Globecom), New Orleans, 2008: 1-6.

[70] Gappmair W, Muhammad S S. Error performance of PPM/poisson channels in turbulent atmosphere with gamma-gamma distribution. Electr. Lett., 2007, 43: 880–882.

[71] Tsiftsis T A. Performance of heterodyne wireless optical communication systems over gamma-gamma atmospheric turbulence channels. Electronics Letters, 2008, 44(5): 372-373.

[72] Nistazakis H E, Tsiftsis T A, Tombras G S. Performance analysis of free-space optical communication systems over atmospheric turbulence channels. IET Communications, 2009, 3(8): 1402-1409.

[73] Toyoshima M, Jono T, Nakagawa K, et al. Optimum divergence angle of a gaussian beam wave in the presence of random jitter in free-space laser communication systems. J. Opt. Soc. Am. A., 2002, 19(3): 567-571.

[74] Andrews L C. Special Functions for Engineers and Applied Mathematicians. New York: MacMillan, 1985: 1-45.

[75] 姜义军. 星地激光通信链路中大气湍流影响的理论和实验研究. 哈尔滨: 哈尔滨工业大学, 1993.

[76] Chan V W S. Optical space communications. IEEE Journal on Selected Topics in Quantum Electronics, 2002, 6(6): 959-975.

[77] 廖延彪. 偏振光学. 北京: 科学出版社, 2003.

[78] 骆海军. 相位型液晶空间光调制器的研究. 大连: 大连理工大学, 2008.

[79] 任秀云. 扭曲向列液晶空间光调制器的波面变换特性及其应用. 济南: 山东师范大学, 2005: 9-10.

[80] 任广军, 沈远, 姚建铨, 等. 通信波段液晶电光特性的实验研究. 光电子·激光, 2010, 21(10): 1492-1495.

[81] 王启明. 液晶空间光调制器相位调制特性研究及其应用. 浙江: 浙江大学, 2008.

[82] Ricklin J C, Davidson F M. Atmospheric turbulence effects on a partially coherent gaussian beam: implications for free-space laser communication. J. Opt. Soc. Am. A, 2002, 19(9): 1794-1802.

[83] Borah D K, Voelz D G. Spatially partially coherent beam parameter optimization for free space optical communication. Opt. Express, 2010, 18(20): 20746-20758.

[84] 柯熙政, 韩美苗, 王明军. 部分相干光在大气湍流中斜程传输路径上的展宽与漂移. 光子学报, 2015, 44(3): 0306001.

[85] Jenkins M H, Long J M, Gaylord T K. Multifilter phase imaging with partially coherent light. Appl. Opt., 2014, 53(16): D29-D39.

[86] Deng P, Kavehrad M, Liu Z, et al. Capacity of MIMO free space optical communications using multiple partially coherent beams propagation through non-kolmogorov strong turbulence. Opt. Express, 2013, 21(13): 15213-15229.

[87] 高明, 刘彦清, 王菲, 等. 偏振部分相干激光波束在湍流大气中传输的扩展和漂移. 光子学报, 2014, 43(10): 1001002.

[88] Chen C, Yang H, Zhou Z, et al. Effects of source spatial partial coherence on temporal fade statistics of irradiance flux In free-space optical links through atmospheric turbulence. Opt. Express, 2013, 21(24): 29731-29743.

[89] 李希宇, 高昕, 唐嘉, 等. 面向高轨目标成像的强度相干阵列优化. 光子学报, 2014, 44(6): 0611008.

[90] Shirai T, Wolf E. Coherence and polarization of electromagnetic beams modulated by random phase screens and their changes on propagation in free space. J. Opt. Soc. Am. A, 2004, 21(10): 1907-1916.

[91] Wang F, Liu X, Yuan Y, et al. Experimental generation of partially coherent beams with different complex degrees of coherence. Opt. Lett., 2013, 38(11): 1814-1816.

[92] Shirai T, Korotkova O, Wolf E. A method of generating electromagnetic gaussian schell-model beams. J. Opt. A: Pure Appl. Opt., 2005, 7: 232-237.

[93] Born M, Wolf E. Principles of Optics. Cambridge, U. K.: Cambridge University Press, 1999, Chapter 10, 7th Ed.

[94] Curtis J E, Koss B A, Grier D G. Dynamic holographic optical tweezers. Opt. Comm., 2002, 207: 169-175.

[95] 刘春梅. 基于 LCOS 光学变焦系统研究. 合肥: 安徽大学, 2013: 29-30.

[96] Ricklin J C, Davidson F M. Atmospheric turbulence effects on a partially coherent gaussian beam: implications for free-space laser communication. J. Opt. Soc. Am. A., 2002, 19(9): 1794-1802.

[97] Chen C Y, Yang H M, Kavehrad M, et al. Validity of quadratic two-source spherical wave structure functions in analysis of beam propagation through generalized atmospheric turbulence. Optics Communications., 2014, 332: 343-349.

[98] Felde C V, Bogatyryova H V, Polyanskii P V. Young's diagnostics of spatial coherence phase singularities. Proc. SPIE 6254, 2006, 62540D1-62540D7.

[99] Preden R, Portier F, Roche P, et al. Direct measurement of the coherence length of edge states in the integer quantum hall regime. Physical Review Letters, 2008, 100(12):126802.

[100] 申琳, 杨进华, 韩福利, 等. 基于光斑图像的激光束散角测量方法研究. 兵工学报, 2011, 32(7): 890-895.

[101] 陈纯毅, 杨华民, 佟首峰, 等. 激光大气折射率结构常数测量实验与分析. 红外与激光工程, 2006, 35(51): 422-426.

[102] Jiang Y J, Ma J, Tan L Y, et al. Measurement of optical intensity fluctuation over an 11.8 km turbulent path. Opt. Express, 2008, 16(10): 6963-6973.

[103] Du W H, Tan L Y, Ma J, et al. Measurements of angle-of-arrival fluctuations over an 11.8 km urban path. Laser Part. Beams, 2010, 28: 91-99.

[104] Wheelon A D. Electromagnetic Scintillation II. Weak Scattering. Cambridge: Cambridge University Press, 2003.

[105] Zhu X. Free-space optical communication through atmospheric turbulence channels. IEEE Trans. Commun., 2002, 50(8): 1293-1300.

[106] Wang F, Liu X, Yuan Y, et al. Experimental generation of partially coherent beams with different complex degrees of coherence. Opt. Lett., 2013, 38(11): 1814.

[107] Anguita J A, Neifeld M A, Vasic B V. Spatial correlation and irradiance statistics in a multiple-beam terrestrial free-space optical communication link. App. Opt., 2007, 46(26): 6561-6571.

[108] 季晓玲, 陈森会, 李晓庆. 部分相干电磁厄米–高斯光束通过湍流大气传输的偏振特性. 中国激光, 2008, 35(1): 67-72.

[109] Lin Q, Cai Y J. Fourier transform form partially coherent gaussian schell-model beams. Opt. Lett., 2002, 27(19): 1672-1674.

[110] 陶向阳, 周南润, 吕百达. 通过有光阑近轴 ABCD 光学系统激光束的近似解析传输公式. 强激光与粒子束, 2003, 15(1): 50-54.

[111] Wolf E. Unified theory of coherence and Polarization of random eleetromagnetie beams. Phys. Lett. A., 2003, 312(5-6): 263-267.

[112] 朱莉华, 聂义友, 吕百达. 光束束宽概念和不同定义束宽的比较. 光子学报, 2005, 34(10): 1476-1479.

[113] Korotkova O, Salem M, Wolf E. Beam conditions for radiation generated by an electromagnetic gaussian schell-model source. Opt. Lett., 2004, 29: 1173-1175.

[114] Shirai T, Dogariu A, Wolf E. Directionality of gaussian schell model beams propagating in atmospheric turbulence. Opt. Lett., 2003, 28: 610-612.

[115] Cai Y, He S. Propagation of a partially coherent twisted anisotropic gaussian schell-model beam in a turbulent atmosphere. Appl. Phys. Lett., 2006, 89: 041117.

[116] Eyyuboglu H T, Baykal Y. Convergence of general beams into gaussian-intensity profiles after propagation in turbulent atmosphere. Opt. Commun., 2006, 265: 399-405.

彩 图

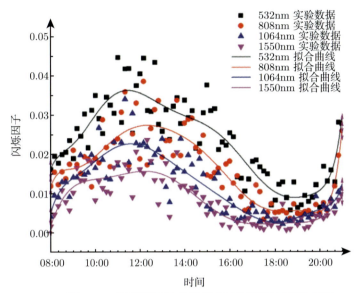

图 2.13 夏季不同波长激光光束闪烁因子变化情况

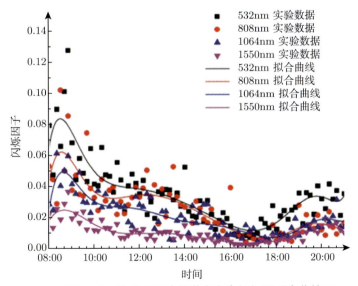

图 2.14 秋季不同波长激光光束闪烁因子变化情况

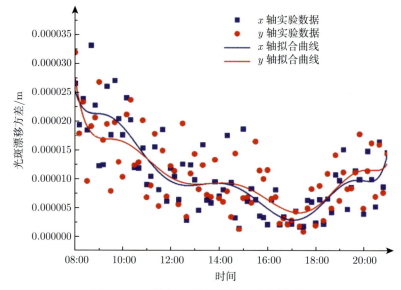

图 2.26 x 轴和 y 轴归一化漂移方差对比

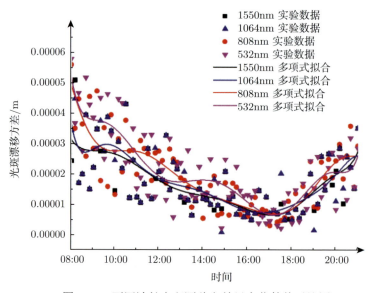

图 2.27 不同波长光斑漂移方差日变化趋势对比图

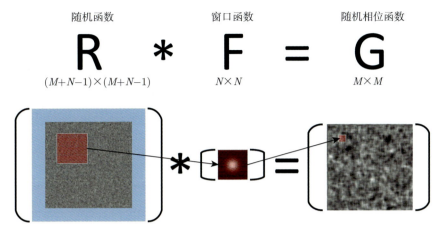

图 4.11 部分相干光生成算法示意图

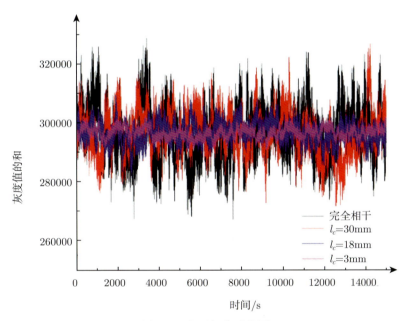

图 6.4 光强起伏对比图

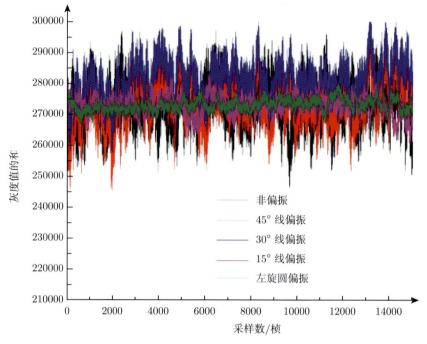

图 6.7　光强起伏对比图

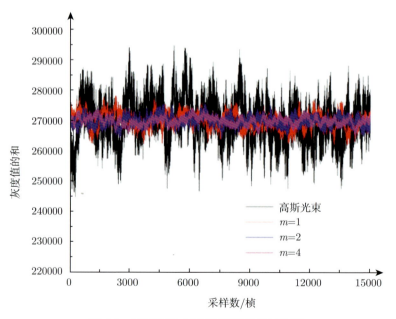

图 6.9　不同拓扑电荷数光强起伏对比图